交通职业教育教学指导委员会推荐教材
高职高专院校道路桥梁工程技术专业教学用书

高等职业教育规划教材

# 公路工程经济

Gonglu Gongcheng Jingji

主编　田　平
主审　孙久民

人民交通出版社

**内 容 提 要**

本书是交通职业教育教学指导委员会推荐教材，由路桥工程学科委员会组织编写。全书分为6章，主要内容包括：公路工程经济静态分析方法、动态分析方法、效益费用分析方法、不确定性分析方法以及公路工程规划、设计、施工中的技术经济分析方法。书中标有*的为选修内容。

本书是高职高专院校道路桥梁工程技术专业教学用书，也可供相关专业教学使用，或作为有关专业的继续教育及职业培训教材。

图书在版编目(CIP)数据

公路工程经济/田平主编．—北京：人民交通出版社，2005.7(重印 2008.5)

ISBN 978-7-114-05606-2

Ⅰ.公… Ⅱ.田… Ⅲ.道路工程－工程经济－高等学校：技术学校－教学参考资料 Ⅳ.F54

中国版本图书馆 CIP 数据核字(2005)第 063494 号

书　　名：公路工程经济
著 作 者：田　平
责任编辑：王华伟
出版发行：人民交通出版社
地　　址：(100011)北京市朝阳区安定门外外馆斜街3号
网　　址：http://www.ccpress.com.cn
销售电话：(010)59757973
总 经 销：人民交通出版社发行部
经　　销：各地新华书店
印　　刷：北京武英文博科技有限公司
开　　本：787×1092　1/16
印　　张：8.75
字　　数：210千
版　　次：2005年7月　第1版
印　　次：2021年7月　第14次印刷
书　　号：ISBN 978-7-114-05606-2
定　　价：16.00元

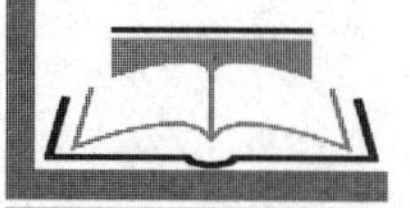

# 交通职业教育教学指导委员会
# 路桥工程学科委员会

# 出版说明

*CHUBAN SHUOMING*

为深入贯彻落实《高等教育面向21世纪教学内容和课程体系改革计划》及全国普通高等学校教学工作会议的有关精神，深化教育教学改革，提高道路桥梁工程技术专业的教学质量，按照教育部“以教育思想、观念改革为先导，以教学改革为核心，以教学基本建设为重点，注重提高质量，努力办出特色”的基本思路，交通职业教育教学指导委员会路桥工程学科委员会在总结教育部路桥专业教学改革试点的6所交通高职高专院校办学实践经验的基础上，经过反复调研和讨论，制定了三年制“高职高专院校道路桥梁工程技术专业教学指导方案”，随后又组织全国20多所交通高职高专院校道路桥梁工程技术专业的教师编写了18门课程的规划教材。

本套教材依据教育部对高职高专人才培养目标、培养规格、培养模式及与之相适应的知识、技能、能力和素质结构的要求进行编写。为使教材中所阐述的内容反映最新的技术标准和规范，路桥工程学科委员会还组织有关人员参加了新技术和新规范学习班。

按照2004年10月路桥工程学科委员会所确定的编写原则，本套教材力求体现如下特点：

1. 结构合理性。按照道路桥梁工程技术专业以培养技能型人才为主线的要求，对传统的专业技术基础课和专业课程进行了整合，教材的体系设计合理，循序渐进，符合学生心理特征和认知及技能养成规律。所编写的教材更适合高职教育的特点，强调现代教学技术应用的需要和教学课件的应用，以节省教学成本和提高教学效果。每章列有教学要求、本章小结和复习思考题，便于学生学习本章核心内容。

2. 知识实用性。体现以职业能力为本位，以应用为核心，以实用、实际、实效为原则，紧密联系生活、生产实际，及时反映现阶段公路交通行业发展和公路交通科技进步对道路桥梁工程技术专业人才的需要，采用最新的技术标准、规范和规程。加强教学针对性，与相应的职业资格标准相互衔接。在内容的取舍方面，在以适应当前工作岗位群实际需要为主基调的同时，为将来的发展趋势留有接口。

3. 职业教育性。渗透职业道德和职业意识教育，体现就业导向，有助于学生树立正确的择业观。教材中所选编的习题、例题均来自工程实际，不仅代表性强，而且对解决实际问题具有较强的针对性。在教材编写中注重培养学生爱岗敬业、团队精神和创业精神，树立安全意识和环保意识。

4. 使用灵活性。本套教材体现了教学内容弹性化，教学要求层次化，教材结构模块化，有利于按需施教，因材施教。

《公路工程经济》是高职高专院校道路桥梁工程技术专业规划教材之一，内容包括：公路工程经济静态分析方法、动态分析方法、效益费用分析方法、不确定性分析方法以及公路工程规划、设计、施工中的技术经济分析方法。

参加本书编写工作的有：河北交通职业技术学院田平（编写第一、六章）、付淑芳（编写第四章），山西交通职业技术学院裴建新（编写第二、三章），河南交通职业技术学院孙久民（编写第五章）。全书由田平担任主编，孙久民担任主审。

本套教材是路桥工程学科委员会委员及长期从事道路桥梁工程技术专业教学与工程实践的教师们工作经验的总结。但是，随着各项改革的逐步深化，书中难免有错误之处，敬请广大读者批评指正。

本套教材在编写过程中，得到了交通职业教育教学指导委员会的关心与指导，全国各交通职业技术学院的领导也给予了大力支持，在此，向他们表示诚挚的谢意。

交通职业教育教学指导委员会

路桥工程学科委员会

2005 年 5 月

# 目　录
MULU

# 第一章 绪论

1. 描述公路工程经济的研究范畴；
2. 描述公路工程经济课所讲述的基本内容；
3. 描述公路工程经济的学科特点及其相邻学科；
4. 描述学习公路工程经济课的目的和方法。

## • 第一节　公路工程经济的研究范畴 •

### 一、技术与经济

**1. 技术与经济的概念**

为了讨论公路工程经济这门新学科的研究范畴，我们必须对什么是技术，什么是经济，有一个明确而一致的概念。

通俗地讲，技术是指人类在利用自然和改造自然中所运用的知识、经验、手段和方法。更广义地理解，技术还包括解决社会问题的方法、手段和知识等。因为人们在生产过程中积累起来的知识、经验、操作技能是不断提高的，所使用的生产工具、劳动手段也是不断改进的，所以，技术是不断发展和不断进步的。技术不同于科学，而是科学的应用。

经济一词有多种含义，但在经济分析中主要指两种涵义：一是指社会的物质生产和再生产活动，基本上泛指的是社会生产、交换、分配和消费各环节；二是指费用节约，即用较少的人力、物力、时间获得较多的生产成果，或者说是为了达到一定的目的而合理选择和有效利用有限的资源。

**2. 技术与经济的关系**

技术和经济是相互联系、相互制约、相互促进的。任何技术实践都离不开经济背景，任何新技术的产生都是由于经济上的需要而引起的，技术的发展又常常受到经济条件的制约，任何技术方案的选择，都不仅要考虑其技术上的先进性和可行性，而且必须考虑经济上的合理性和可能性；反过来技术进步又会促进经济的发展，事实上，经济的发展往往很大程度要依赖先进技术的应用。总之，技术与经济既相互促进，又相互制约，两者不可分割。

任何工程活动都包含着技术与经济两个方面的问题，而且，所有成功的工程活动，无一不是在当时条件下较好地处理了技术与经济的关系，使二者在具体的工程活动中得到有机的高度统一。因此，作为一个工程技术人员，即使他从事的是单纯的技术工作，也不仅要精通专业技术，而且应具备较完备的经济知识。只有这样才能在工作中处理好技术与经济的关系，使自己设计的工程实现使用价值和价值的统一，使自己所作的工程决策科学合理。考虑经济因素是工程技术人员有别于纯科学研究人员的一个重要特征。

### 二、公路工程经济的研究范畴

公路工程是指以公路为对象而进行的规划、设计、施工、养护与管理工作的全过程及其所从事的工程实体。公路工程经济就是对公路工程进行经济分析，确切地说，就是以系统分析和定量分析为手段，辅之以定性分析，研究如何在一项工程活动中，综合运用工程技术和经济学原理，使投入工程项目的资金发挥最大经济效果的一种科学方法。其目的是在揭示工程项目的经济特征的基础上，做出正确的项目决策，以最大限度地发挥资源的作用，确保资源得到合理的使用，并取得满意的经济效果。

工程经济分析是工程活动中一个极其重要的工作内容，是技术知识与经济知识在工程项目上的具体运用。工程经济分析作为一种科学方法，它可以广泛应用于各项工程活动中，不仅可以帮助投资决策，而且可以帮助工程技术人员选择设计方案、施工方案、资源配置方案、公路收费方案和养护方案等；还可以帮助承包单位选择投标项目、制定投标方案，帮助监理工程师制定和选择监理方案及分析监理工作中各类问题的处理方案，如工程变更方案的选择等。总之，工程经济分析在工程项目的各项工作中有着广泛的应用价值，起着极其重要的作用。可以说，现代工程决策取决和依赖于工程经济分析这一有效的方法。

对于公路建设项目来说，工程经济所研究的主要问题可概括如下：

(1)在有限资源的条件下，究竟应为哪些公路提供资金，也就是如何合理地配置资源。

(2)围绕多个提供资金的建议或筹资方案，应怎样选择最有利的资金来源或资金方案。

(3)为达到工程目标，对几个参加比较的方案，如路线方案、桥型方案、施工组织方案等，应该如何筛选，看哪个方案最佳。

(4)在多项可供选择的方案中，如公路施工投标中报价方案的选择，是选择一项可靠的方案，还是选择一个具有较大潜在收益，同时具有较高风险性的方案。

(5)从经济的角度出发评价和完善公路建设中的各项技术政策、技术措施和技术方案，如公路施工方案。

(6)从整个国民经济角度出发，分析和鉴定一个公路建设项目对整个国民经济体系的影响。

## •第二节　公路工程经济的基本内容•

对公路工程经济这一新学科，目前还没有一个统一的内容划分方法。这里，我们根据技术与经济的关系特点以及公路工程建设的需要，介绍如下内容：

**1. 公路工程经济静态分析方法**

经济静态分析是观测和评价事物某一时点经济状况的一种方法。基于对某一项目历史和现状的观测和计算，可以对企业的效益状况进行分析评价，包括静态投资回收期、投资效果系数等计算指标以及不确定性分析法中的平衡点分析；另外，本章还讨论了不考虑资金时间价值时的多方案比选方法。

**2. 公路工程经济动态分析方法**

经济动态分析方法是工程经济分析中的核心方法，主要介绍资金的时间价值、现金流量等概念，并在复利分析的基础上讲述各种情况下资金时间价值的等值换算原理，同时介绍动态经济分析的各种方法及寿命不同的方案的评价计算，为公路建设项目的经济评价和方案选择奠定基础。

**3. 工程项目的效益费用分析**

国民经济评价又叫效益费用分析，同时，财务评价也要从财务的角度进行成本效益分析，因此本部分内容包括了国民经济评价与财务评价的概念、区别以及国民经济评价与财务评价的基本评价指标与评价准则；国民经济评价理论；公路工程国民经济评价中的效益、费用计算。

**4. 敏感性分析与风险分析**

项目评价工作中，大量计算分析所用的数据都是来自预测和估计。现实生活中，由于客观条件及有关因素的变动和主观预测能力的局限，投资项目的实施结果（投资效果和经济效果等）不一定符合评估人员原来所作的预测和估计，所以无论采用哪种方法所作的项目评价，总是带有一些不确定的因素，不确定因素的作用超过一定程度时，就会给所评估的项目带来风险。一般地说，不确定因素和风险存在是不可避免的，因此，对项目进行经济分析的同时，还要进行敏感性分析与风险分析，以增加预测和决策的准确性。

**5. 公路工程项目规划、设计、施工中的技术经济分析**

某一公路工程项目能否实施，取决于对拟建项目在市场、社会、技术、经济、环境、风险等方面的分析评价结果，因此，在可研阶段就需要对拟建项目进行多方面评价，本章重点介绍了可研阶段的社会评价与环境影响评价，分析项目的社会可行性及对环境的影响。

公路工程项目设计方案的选择有赖于对多个方案进行详细的技术经济分析，这里介绍了设计方案技术经济分析多个分析方法。

施工中的技术经济分析对施工组织设计的技术经济分析与施工费用分析分别作了介绍。对施工组织设计进行技术经济分析的目的就是论证所编制的施工组织设计在技术上是否可行、在经济上是否合理，从而选择满意的方案，并寻求节约的途径。在施工中进行费用分析，可以加强施工费用的管理控制，及时纠正偏差，使施工朝着预定的目标进行。

## ●第三节　公路工程经济的特点及相邻学科●

### 一、公路工程经济学科的特点

公路工程经济是一门将公路工程技术与经济规律相结合的新学科，该学科具体来讲有以下特点：

**1. 立体性**

一方面，公路工程经济是工程技术、经济学与管理学相互渗透并在它们边缘上发展起来的结合体。在实际工作中，为了对一项工作进行经济分析，我们不仅要考虑工程的技术特性，还要全面地、辩证地考虑经济因素和其他社会因素以及人的因素。比如，在进行公路工程可行性研究中，就要用到技术知识、自然知识、规划知识、社会科学、人文科学、经济学、环境保护学、运筹学等多方面知识。

另一方面，公路工程经济研究的范围涉及到工程建设的决策、设计、施工、竣工验收、运营管理等整个寿命周期的全过程，在建设的各个阶段通过技术经济分析论证评选出最优方案，达到技术工作经济化的目的。

所以说，公路工程经济是一门立体性学科。

**2. 实用性**

公路工程经济主要研究公路工程建设领域中技术工作的经济问题及处理这些经济问题的方法和技术手段，公路工程经济中的科学理论来源于实践，又用于指导实践，具有很强的实用性。

**3. 定量性**

公路工程经济分析在分析过程中以定量分析为主，定性分析为辅。经济分析的根本要求，是对项目建设和生产过程中的经济活动提出明确的数量观念，进行价值判断。一切工艺技术方案、工程方案、环境方案的优劣都应尽可能通过计算指标将隐含的经济价值揭示出来，对于实在无法量化的经济要素辅以定性说明。

**4. 比较性**

公路工程经济研究的不是技术的改进和创新，也不是经济原理的追寻和探索，而是在现有技术条件的基础上，运用已知的较成熟的经济原理对工程建设各阶段进行多方案比较，从中选出技术可行、经济合理的最佳方案。

**5. 预测性**

公路工程经济分析是在一项工程活动之前进行的，具有预测性。它通过多种科学手段对将要发生的工程活动进行预测，力图达到与实际的最大接近，但并不完全等于实际，所以在经济分析中还要进行不确定性分析，找到敏感性因素和风险较大因素，分析其发生的概率和变化范围以及由此引起的经济分析效果的改变，以更好地把握实际活动。

## 二、公路工程经济的相邻学科

根据公路工程经济学科的特点，我们来看一下公路工程经济的相邻学科：

**1. 公路工程学**

这里所说的公路工程学是指公路工程专业各学科的统称。这些学科是研究公路工程技术特性的学科，可统称为公路工程方面的“硬科学”。这些硬科学是形成公路工程经济的基础，脱离公路工程学的理论和方法去研究公路工程经济，必然无的放矢。很难想象，一个根本不懂公路路线线形标准的人，能够提出一个技术上可行、路线走向最佳的路线设计方案。可见，我们在讨论经济问题时，必须紧密结合具体的工程技术问题，否则就无法

深入。

**2. 工程经济学**

工程经济学又称成本-效益分析,是近年发展起来的一门新学科,是研究如何使工程技术方案(或投资项目)能取得最佳经济效果的一种科学的评价体系。它在讨论工程的经济特性时,首先是将工程技术方案转化为相应的投资方案,然后用动态的方法、全过程的观点和系统工程的观点,对每个投资方案作出评价,据此决定方案的优劣。工程经济学是一种科学的方法论,是公路工程经济的一门软科学基础。

**3. 工程造价学**

公路工程造价包括投资估算、概算、修正概算、预算、标底计算、结算、决算,贯穿于公路工程整个建设过程,是技术活动定量化、价值化的基础。

**4. 现代管理科学**

现代管理科学内容包括行为科学、人体工程学、系统工程学、运筹学、预测学、质量控制技术、价值工程、工作研究等。其中,行为科学和运筹学被认为是管理科学的主要分支。

公路工程经济中的技术经济分析包括对组织管理效果的经济分析,如施工组织设计的技术经济分析;还包括运用管理科学知识进行技术经济分析,如方案设计是否符合以人为本原理,施工中能否较好地协调人际关系,运用价值工程进行设计、施工方案的比选等。所以进行公路工程经济分析必须具备现代管理科学的基础知识。

## 第四节 学习公路工程经济课的目的和方法

### 一、目 的

随着我国交通事业的发展,需要有一大批既精通公路工程技术,又精通经济的人才。但是,长期以来,传统的公路专业课程,基本上是以硬科学为主,缺乏软科学方面的课程,结果培养了大批只懂技术,而经济知识相对缺乏的工科毕业生。他们走上工程技术岗位之后,由于缺少经济知识,缺乏经济头脑,所以在工作中或者对经济性问题不够关心,或者因缺乏必要的经济分析和评价知识而难以考虑经济问题,不能适应现代化建设的需要。

实践证明,要进行建设,就必须把技术因素和经济因素结合起来加以研究和运用。决策人员不懂技术和经济,或技术人员缺乏经济头脑,都是造成工程决策失误的重要原因。建国50多年来工程建设中大量经验和教训,都说明了加强工程经济分析的重要性和必要性,培养和加强工程技术人员进行工程经济分析能力的紧迫性。

### 二、学习方法

**1. 调查研究**

调查研究是进行技术经济计算、分析、比较、评价的基础和前提。通过调查研究,收集各种有关的资料和数据,并通过分析与整理,弄清每个技术方案(或课题)的有关技术因素及各有

关因素之间的关系。在调查研究的过程中应密切注意以下几点:

(1)坚持理论联系实际。实践是检验真理的唯一标准,本课程的产生和发展来自于实践,是一门实践性很强的学科,要求做到理论与工程实际紧密结合,既注意到理论应用于工程项目的共性,又注意到某个特定工程项目所具有的个性,灵活运用所学知识。

(2)坚持系统的观点。一个或几个工程项目往往不是孤立存在的,而是有机联系的整体,它们都是某个部门或某个行业的组成部分。例如,公路与交通工程项目是公路运输业的组成部分,公路运输业又是交通运输业的组成部分,交通运输与国民经济又是息息相关的。交通运输业就总体而言是一个包含铁路、公路、水运、航空、管道等5种运输方式的大系统,每一种运输方式是这个大系统中所属的一个子系统。由于社会物质生产和劳动分工不断发展,使生产在各级水平上的空间-时间联系复杂化,所以,各种运输方式要密切配合,相互促进。那么,对属于公路运输的工程项目而言就不能不从全局出发考虑问题,明确本项目在全局中所处的地位和作用。

(3)善于灵活应用。本课程的理论和方法带有普遍意义,但不可能完全反映交通行业的所有特征,这就要求读者做到吃透理论,灵活应用。

(4)善于运用相邻学科知识,学习外国先进经验,结合国情,洋为中用。为了更好地学好本课程,应具有一定深度和广度的基础和专业知识,如数学、经济学、统计学、法学、预测学、运筹学、系统工程及计算机技术等。

此外,应经常注意关心国内外的经济信息,关心国家的各项方针政策,特别是关于经济方面的政策。

**2. 计算分析**

计算分析是在调查研究的基础上,对调查研究阶段所获得的资料、数据进行计算分析,找出各相关因素之间的关系,并建立数学模型,作定量计算和定性分析。在计算分析过程中,鉴别和揭示各种矛盾,使问题的研究进一步深化。

**3. 综合评价和系统选优**

根据前阶段的计算和分析,将各种效果因素及决策评价综合起来进行权衡,再根据系统选优的要求、组合、调整各因素与各局部的技术经济指标,并结合定性和定量分析,对各种方案作出综合评价,最后选择理想方案。

## 本章小结

公路工程经济是应实际需要新发展起来的一门边缘学科,是公路技术与经济知识相结合的产物。为使读者增强对这门学科的第一认识,为学好后面的知识打下基础,本章开门见山地从该学科的研究内容、作用、特点及学习方法等方面作了详细介绍。简言之,公路工程经济就是应用经济理论对公路工程进行经济分析,达到技术与经济的紧密结合,从而达到节约建设资金的目的。相关的经济理论包括静态经济分析方法、动态经济分析方法、不确定性分析、国民经济评价与财务评价,以及公路规划、设计、施工中的技术经济分析方法。在学习中应针对实际灵活应用所学知识。

## 复习思考题

1. 公路工程经济研究的范畴是什么?
2. 公路工程经济研究的具体内容有哪些?
3. 为什么要对公路工程进行经济分析?
4. 公路工程经济有哪些相邻学科?各自有什么特点?
5. 怎样学好公路工程经济?

第二章

# 工程经济静态分析

1. 描述经济静态分析的方法；
2. 描述盈亏平衡分析的方法；
3. 进行不考虑资金时间价值时的方案比选。

在涉及到工程经济问题时，首先要研究的是技术经济的分析方法。按照分析中是否涉及时间因素，经济分析方法分为静态分析方法和动态分析方法，动态分析方法将作为下一章内容进行讲解，本章重点讲解静态分析方法。经济静态分析方法是观测和评价事物某一时点经济状况的一种方法，未考虑时间因素带来的误差。根据这一共同点，我们编排了实际中常用的投资回收期法和投资效果系数法两种静态分析的方法以及不确定性分析中的盈亏平衡分析法，用以研究方案的可行性，并对不考虑资金时间价值的方案比选方法进行了讨论。

## ●第一节　工程经济静态分析方法●

### 一、投资回收期法

投资回收期（也称投资返本期或投资偿还年限）就是从项目投建之日起，用项目各年净收入将全部投资收回所需年限。通常以年数表示。计算上可以按投产后年均净收入或按累计净收入进行计算。其计算式为：

$$\sum_{t=0}^{T_p} NB_t = \sum_{t=0}^{T_p} (B_t - C_t) = K \tag{2-1}$$

式中：$K$——投资总额；

$B_t$——第 $t$ 年的收入；

$C_t$——第 $t$ 年的支出（不包括投资）；

$NB_t$——第 $t$ 年的净收入，$NB_t = B_t - C_t$；

$T_p$——投资回收期。

投资回收期是指从项目初始投资起用项目投资后获得的净收益偿还全部投资所需的时间。

**1. 按投产后年均净收入计算**

如果项目是一次性投资，建设期比较短，投产后每年的净收入均相等，则投资回收期计算公式为：

$$T_p = K/M \tag{2-2}$$

式中：$M$——第 $t$ 年的净收入，即 $NB_t$

【例 2-1】 某工程项目一次性投资总额 690 万元，投产后，该厂的年销售收入是 1300 万元，年产品经营成本总额 940 万元，销售税金为销售收入的 10%，试求该工程项目的静态投资回收期。

**解**：已知 $K = 690$ 万元，$M = 1300 - 940 - 1300 \times 10\% = 230$（万元）

代入公式(2-2)得：

$$T_p = K/M = 690/230 = 3(\text{年})$$

结论：该工程项目 3 年就能收回全部投资，并每年为国家提供 130 万元税收。

**2. 按累计净收入计算**

它是按项目正式投资之日起，累计净收入积累总额达到投资总额之日止所需的时间。对于一些项目不是一步达到设计能力，年净收入不等，用此法计算。

计算公式为：

$$T_p = T - 1 + \frac{\text{第}(T-1)\text{年累计净现金流量的绝对值}}{\text{第}T\text{年的净现金流量}} \tag{2-3}$$

式中：$T$——项目累计净现金流量开始出现正值或 0 的年份。

项目是否可行的判别准则：

设基准投资回收期为 $T_0$（公路工程项目的基准回收期为 7～10 年），

$T_p \leq T_0$，项目可以接受；

$T_p > T_0$，项目不可以接受。

【例 2-2】 某项目的投资及年净收入如表 2-1 所示，计算其投资回收期。

**某项目的投资及年净收入表**(单位：万元) 表 2-1

| 项目 \ 年份 | 0 | 1 | 2 | 3 | 4 | 5 | 6 | 7 | 8 | 9 | 10 | 合计 |
|---|---|---|---|---|---|---|---|---|---|---|---|---|
| (1)固定资产投资 | 180 | 260 | 80 | | | | | | | | | 520 |
| (2)流动资金 | | | 250 | | | | | | | | | 250 |
| (3)总投资(1)+(2) | 180 | 260 | 330 | | | | | | | | | 770 |
| (4)现金流入 | | | | 300 | 400 | 500 | 500 | 500 | 500 | 500 | 500 | 3700 |
| (5)现金流出 | 180 | 260 | 330 | 250 | 300 | 350 | 350 | 350 | 350 | 350 | 350 | 3420 |
| (6)净现金(4)-(5) | -180 | -260 | -330 | 50 | 100 | 150 | 150 | 150 | 150 | 150 | 150 | 280 |
| (7)净现金流量累积 | -180 | -440 | -770 | -720 | -620 | -470 | -320 | -170 | -20 | 130 | 280 | |

**解**：根据上表的计算及公式得：

$$T_p = 9 - 1 + \frac{20}{150} = 8.13(\text{年})$$

投资回收期指标的优点是：概念清晰，经济含义明确，方法简单实用，不仅能在一定程度上反映项目的经济性,而且能反映项目的风险大小,能提供一个未收回投资前承担风险的时间。

投资回收期指标的缺点是:它没有反映资金的时间价值,由于舍弃了投资回收期以后收入支出数据,不能全面反映项目在寿命期内的真实效益,难以对不同方案的比较选择作出正确判断。

投资回收期作为能够在一定程度上反映项目经济性和风险性的评价指标,在项目经济评价中具有独特的地位和作用,并被广泛用作项目评价的辅助性指标。

### 二、投资效果系数法

投资效果系数法的评价指标是投资效果系数(又称投资利润率和投资收益率),是投资回收期的倒数,是指固定资产投资活动所取得的有效成果与进行固定资产投资活动所消耗或所占用的劳动量(人力、物力、财力)之间的对比关系,即固定资产投资的“所得”与“所费”之间的对比关系。“所得”不仅表现在建设过程中,也反映在建成投产以后的生产过程中。因此,分析和考核投资经济效果时,有些指标也要考虑到建成投产后生产过程中所取得的有效成果。

其表达式为:

$$E = M/K \tag{2-4}$$

式中:$E$——投资效果系数。

为了准确地评价投资效果系数,选择一个有代表性的正常年份是很重要的。

**【例 2-3】** 某建设项目,建设费用和流动资金共计 1900 万元,建成投产后正常年份的年收益为 500 万元,求其投资效果系数。

**解**:由式(2-4),

$$E = \frac{500}{1900} = 0.263$$

项目是否可行的判别准则:

设基准投资效果系数为 $E_0$(公路工程项目的基准投资效果系数为 10% ~15%),

$E < E_0$,项目不可以接受;

$E \geqslant E_0$,项目可以接受。

投资效果系数表示了所得收益和投资支出关系,系数越大,经济效益越高。在国外如 $E$ 值大于金融市场所通行的利率时,则认为这个项目是可行的。这个方法的最大优点是计算简便,其缺点是:

(1)它是一种求得近似判别标准的方法,因为它仅仅根据一年的数据而未考虑该项目寿命期内的其他年度;

(2)在一个项目的整个寿命期内,选择有代表性的正常年份是比较困难的;

(3)这种方法没有考虑项目寿命期间现金流量的时间因素。

## 第二节 盈亏平衡分析法

盈亏平衡分析是在一定的市场、生产能力的条件下,研究拟建项目成本与效益的平衡关系的方法。其目的是通过分析产品产量、成本与盈利能力之间的关系,找出投资项目盈利与亏损在产量、产品价格、单位产品成本等方面的界限,以判断生产经营状况的盈亏,即投资项目对不确定因素变化的承受能力,为决策提供依据,也叫收支平衡分析、量本利分析、损益分析。盈亏平衡分析常用于财务评价,是不确定性分析的一种。不确定性分析就是帮助我们分析带有不确定性因素的投资方案,分析各种可能的影响因素及其对方案实施结果的影响程度,对其概念将在第五章作详细介绍。

根据生产成本及销售收入与产量(销售量)之间是否成线性关系,盈亏平衡分析又可进一步分为线性盈亏平衡分析和非线性盈亏平衡分析。

## 一、线性盈亏平衡分析

产品成本按其与产量的关系分为可变成本、固定成本和半可变(或半固定)成本。在产品总成本中,有一部分费用随产量的增减而增减,称为可变成本。生产用的原料和材料费用一般都属于可变成本。另一部分费用与产量的多少无关,称为固定成本。如固定资产折旧费、行政管理费等。还有一些费用,虽然也随着产量增减而变化,但非成比例地变化,称为半可变(半固定)成本,如维护费、不能熄火的工业炉的燃料费用(不论是否生产均需支付一定的维护费用和维持一定炉温的燃料费用,但当产量增加时,这些费用亦将随之增加)。财务分析中,通常将半可变成本进一步分解为可变成本与固定成本。因此,产品总成本最终要划分为可变成本和固定成本。

固定成本用 $y'$ 表示,单位产品可变成本用 $y''$ 表示,则产量(销售量)为 $Q$ 时的总成本为:

$$C(x)=y'+y''Q \tag{2-5}$$

这为线性成本函数(如图 2-1)。

生产的产品若以单价 $P$ 出售,$Q$ 个产品的总收入函数成线性(如图 2-2)。

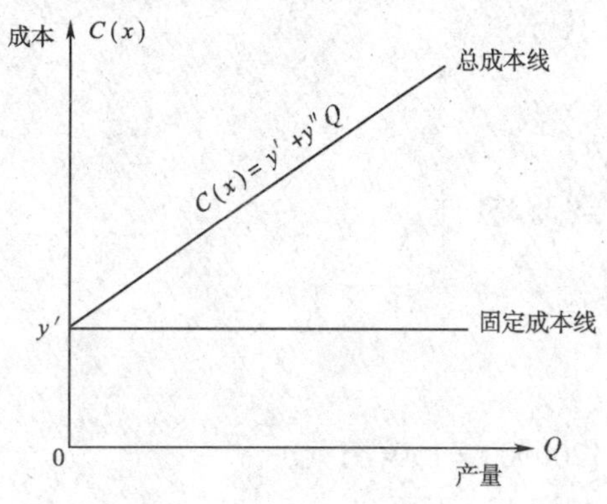


图 2-1　线性成本函数曲线

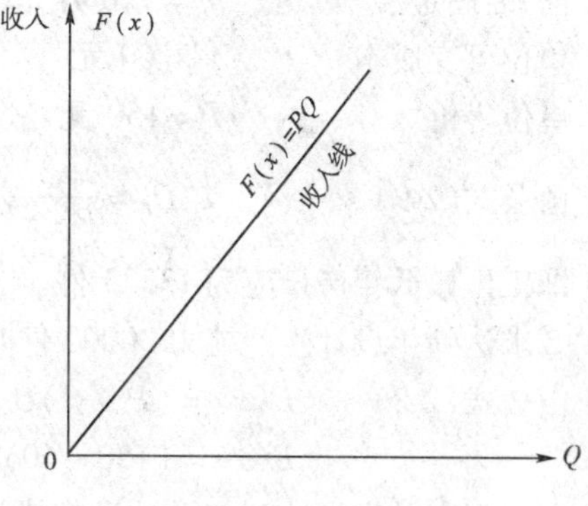


图 2-2　线性收入函数曲线

$$F(x)=PQ \tag{2-6}$$

式中:$F(x)$——总收入。

观察这一经济活动的盈亏,就要引入利润:

$$E(x)=F(x)-C(x) \tag{2-7}$$

式中:$E(x)$——利润。

由式(2-5)、式(2-6)代入式(2-7)可得

$$E(x)=PQ-y'-y''Q=(P-y'')Q-y' \tag{2-8}$$

由上式分析看出：若 $P = y''$，一般要亏损，净亏的是固定成本；若 $P < y''$，则除亏固定成本外，可变成本也要亏一部分，即每生产一单位产品还要亏 $P - y''$，产量越大亏损越大；若 $P > y''$ 时，收入减去可变成本后还要大于固定成本才有盈利。

现进一步分析一下这种情况：$(P - y'')Q > y'$ 时盈利；$(P - y'')Q = y'$ 时不亏不盈；$(P - y'')Q < y'$ 时亏损。

故称扭亏转盈的产量为盈亏转折量（如图 2-3），当 $E(x) = 0$ 时，也就是说利润为零时，产量应为：

$$Q_0 = \frac{y'}{P - y''} \tag{2-9}$$

式中：$Q_0$——平衡点产量。

这点正是成本线、收入线两直线交点的横坐标，这时的产量即为盈亏平衡时的产量。

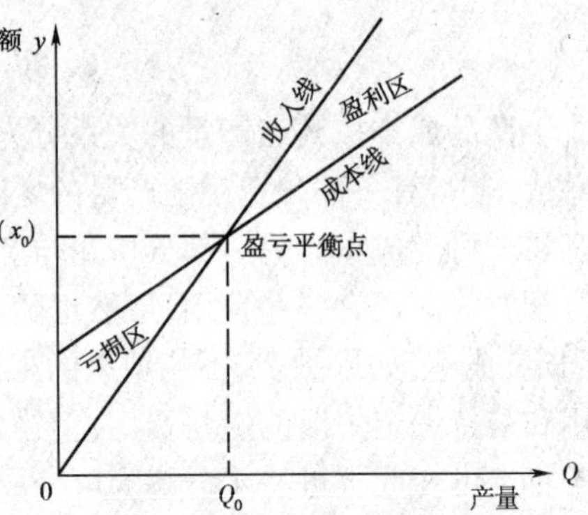

图 2-3　线性盈亏平衡分析

**【例 2-4】** 某工厂建设方案实现以后，生产一种产品，单位产品的可变成本 60 元，售价 150 元，年固定成本 120 万元。问该工厂最低年产量应是多少？如果产品产量达到设计能力 30000 件，那么每年获利是多少？假如再扩建一条生产线，每年增加固定成本 40 万元，但可降低单位可变成本 30 元，市场产品售价下降 10%，每年获利又是多少？

**解：**①求盈亏平衡点的临界产销量 $Q$。

已知：固定成本　　$y' = 120$ 万元

单位可变成本　　$y'' = 60$ 元

单位售价　　$P = 150$ 元

由公式(2-9)　　$Q_0 = \frac{y'}{P - y''} = \frac{1200000}{150 - 60} = 13333$（件）

即工厂最低年产量应为 13333 件。

②求达到年设计生产能力 30000 件时年利润 $E(x)$

由公式(2-8)　　$E(x) = (P - y'')Q - y'$

$E(x) = (150 - 60) \times 30000 - 1200000 = 150$（万元）

即工厂产品产量达到年设计生产能力时可获年利润 150 万元。

③求扩建一条生产线后的年利润 $E(x)$

由公式(2-8) $E(x) = (P - y'')Q - y' = (135 - 30) \times 60000 - 1600000 = 470$（万元）

即扩建后可获年利润 470 万元。

## 二、非线性盈亏平衡分析

上述直线型盈亏平衡分析是在假定单位产品的销售价格和变动成本保持一个确定量值的前提下进行的，但是，由于市场供求关系的变化、产品生命周期所处的阶段的变化等原因，使构成产品成本中的变动成本和产品的销售价格呈现非线性变化，导致生产总成本和销售收入的非线性变化。因而，生产成本和销售收入曲线将如图 2- 4 所示。

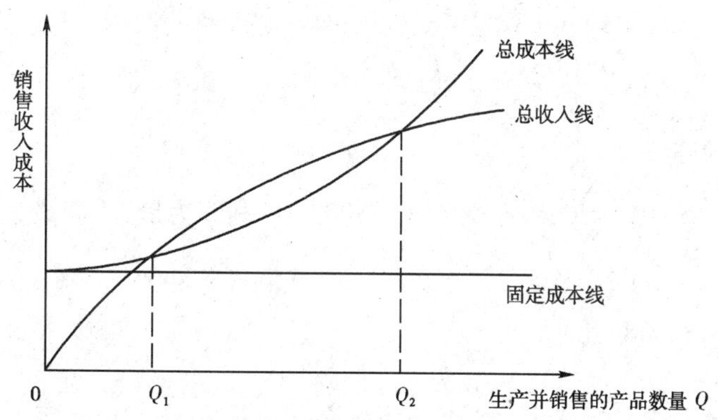


图 2-4　非线性盈亏平衡分析

由图2-4可以看出，此时盈亏平衡点将出现两个，即 $Q_1$ 和 $Q_2$。当生产并销售的产品数量 $Q<Q_1$ 和 $Q>Q_2$ 时，将出现亏损；当生产并销售的产品数量 $Q_1<Q<Q_2$ 时，才会有盈利，在该区间内，存在一个使盈利达到最大值的生产并销售的数量，该值称为规模经济产量。

当我们求出了盈亏平衡点后，就可以进行投资方案的抗风险的能力分析了。产量只有在盈利区范围内方案才是可行的，考虑到投资方案实施过程中将会受到各种不确定性因素的影响，有时会使方案处于亏损区，且盈亏平衡点离生产能力越靠近，这种可能性就越大，因此，生产经营时的产量离盈亏平衡点越远，方案就越安全，抗风险的能力就越强；离盈亏平衡点越近，方案就越不安全，抗风险的能力就越差。为了反映方案的抗风险能力，可用经营安全度指标，其表达式为：

$$A=\frac{|Q-Q_0|}{Q_0}\times 100\% \tag{2-10}$$

式中：$A$——经营安全度；

$Q$——生产经营时的产量；

$Q_0$——盈亏平衡点产量。

**【例2-5】** 某投资方案的销售收入函数为：$F=100Q-0.001Q^2$；生产成本函数为：$C=0.005Q^2+4Q+200000$。当计划生产12000件产品时，其盈亏情况如何？该方案的盈亏平衡点和最大利润是多少？

**解**：此时利润 = 销售收入 − 成本 = $F-C$

$$=100Q-0.001Q^2-(0.005Q^2+4Q+200000)$$

$$=-0.006Q^2+96Q-200000$$

将 $Q=12000$ 件代入该式，即可得到此时的利润额：

利润 $=-0.006\times 12000^2+96\times 12000-200000=88000$（元）

即：当计划生产12000件时，其利润额为88000元。

当利润等于零时，方案达到盈亏平衡，因而有：

$$-0.006Q^2+96Q-200000=0$$

解上式，即可得盈亏平衡点产量 $Q_1=2467$ 件，$Q_2=13533$ 件。

令 $E(Q)$ 表示利润，则根据上述计算过程，可知：

$$E(Q) = -0.006Q^2 + 96Q - 200000$$

利润的极值出现在 $\frac{\partial E(Q)}{\partial Q} = 0$ 处,即 $-0.012Q + 96 = 0$

解之,$Q = 8000$ 件

由于$\frac{\partial^2 E(Q)}{\partial Q^2} = -0.012 < 0$,因此,当 $Q = 8000$ 时,利润为最大,即最大利润为:

$$E(Q)_{\max} = -0.006Q^2 + 96Q - 200000 = -0.006 \times 8000^2 + 96 \times 8000 - 200000$$
$$= 184000(\text{元})$$

## ● *第三节　不考虑资金时间价值的方案比选 ●

前面我们讨论了应用工程经济静态分析指标投资回收期和投资效果系数及盈亏平衡分析的方法,对项目方案的可行性进行了分析和评价。工程经济静态分析的方法和盈亏平衡分析法有一个共同点就是都不考虑资金的时间价值。在现实经济生活中,有些工程项目有若干个可行方案,这就需要对几个方案进行经济比选,从中选择更经济合理的方案,本节着重通过追加投资效果评价法和盈亏平衡分析法,就多方案的比选进行讨论。

### 一、追加投资效果评价法

投资回收期和投资效果系数两个指标,所反映的是工程项目总投资与项目建成后正常生产状况下所获得的利润之间的关系。但利润的取得不仅是总投资的结果,还取决于每年所花费经营费用(成本)的大小。对单一方案的评价,用上述投资回收期或投资收益率的静态计算公式计算,用方案的回收期 $T_p$ 与基准回收期 $T_0$ 相比较,投资效果系数 $E$ 与基准效果系数 $E_0$ 相比较,从而得出是否可行的结论。但在决策时,往往有多个备选方案进行对比,当项目有两个或两个以上方案进行经济效果比较时,不仅要分析计算各方案自身的投资回收期或效果系数以判断方案是否可行,而且要在各个可行方案中选出经济效益最好的方案。

在比较两个不同方案时,可能出现两种情况:第一种情况,第一方案的投资 $K_1$ 比第二方案的投资 $K_2$ 小,而第一方案年净收益 $M_1$ 却比第二方案的年净收益 $M_2$ 大,即 $K_1 < K_2$,而 $M_1 > M_2$;或两方案净收益相同,而投资不同;或两个方案投资相同,而净收益不同。对于上述这种情况,显然容易判断。第二种情况是,第一方案的投资和年净收益均大于第二方案的投资和年净收益,对于这种情况就比较难立即判断出哪个方案更好,而这种情况在实际工作中经常遇到。

投资额较大的方案,年净收益往往也较大,增加投资往往能获得年净收益增大的好处。例如,采用自动化程度高的设备,意味着设备本身的要求高,技术上先进,投资额将比采用一般设备要高,但是,设备自动化程度高,也会使设备生产率高,产品质量好,废品率低,材料浪费减少,成本减少,操作工人减少,工资成本减少等。因此,使年净收益提高,这就是增大投资获得的好处,如何评价增加投资以及节约成本的净收益的问题呢?我们可以采用追加投资回收期和追加投资效果系数指标进行分析、比较。

(1)追加投资回收期是一个相对的投资效果指标,是指用增额投资所带来的累计净收益增量或年成本累计节约额(两方案年销售收入相同)来计算回收增额投资所需要的年数。计算追加投资回收期公式为：

追加投资回收期 = 投资增额/年净收益差额，即：

$$T_a = \frac{K_1 - K_2}{M_1 - M_2} \tag{2-11}$$

当两方案年销售收入相同时，可用成本节约额代替净收益差额，则

$$T_a = \frac{K_1 - K_2}{C_1 - C_2} = \frac{\Delta K}{\Delta C} \tag{2-12}$$

（2）追加投资效果系数是追加投资回收期的倒数：

$$E_a = \frac{\Delta M}{\Delta K} = \frac{M_1 - M_2}{K_1 - K_2} \tag{2-13}$$

$$\text{或 } E_a = \frac{\Delta C}{\Delta K} = \frac{C_2 - C_1}{K_1 - K_2} \tag{2-14}$$

式中：$K_1, K_2$——一、二方案的投资额（$K_1 > K_2$）；

$M_1, M_2$——一、二方案的年净收益（$M_1 > M_2$）；

$C_1, C_2$——一、二方案的年经营成本（$C_1 < C_2$）。

**【例 2-6】** 有两个新建车间的方案，第一方案投资 300 万元，年净收益 120 万元，第二方案投资 220 万元，年净收益 100 万元，已知本部门的标准投资回收期 5 年，试问选取哪一个方案较佳？

**解：**根据式（2-11）、式（2-13）可求得追加投资回收期及追加投资效果系数：

$$T_a = \frac{K_1 - K_2}{M_1 - M_2} = \frac{300 - 220}{120 - 100} = 4\text{（年）}$$

$$E_a = \frac{M_1 - M_2}{K_1 - K_2} = \frac{120 - 100}{300 - 220} = 0.25$$

求得追加投资回收期或追加投资效果系数值必须与标准投资回收期 $T_0$ 或标准投资效果系数 $E_0$ 作比较，才能判断第一方案、第二方案哪一个经济效果更佳。假如，所求得的 $T_a > T_0$ 或 $E_a < E_0$，则投资小的方案是经济效益较好的方案，应该选择投资小的方案；反之，则应选择投资大的方案。例 2-6 所求得的 $T_a$（4 年）$< T_0$（5 年），所以应选投资较大的第一方案。

对于多于两个方案比选，可以用追加投资回收期法进行环比计算，从中选出最优方案。

**【例 2-7】** 某项目有 3 个技术方案，它们的年销售收入都相同，但投资和年经营成本各不相同，各方案的基本数据如表 2-2。

表 2-2

| 方 案 | 投资（单位：万元） | 年经营成本（单位：万元） |
|---|---|---|
| 1 | 100 | 30 |
| 2 | 132 | 22 |
| 3 | 156 | 18 |

假如：$T_0 = 5$ 年，试比较上面三个方案优劣。

**解：**先取第一、二方案比较

$$T_a = \frac{K_2 - K_1}{C_1 - C_2} = \frac{132 - 100}{30 - 22} = 4\text{（年）} < 5\text{（年）}$$

方案二优于方案一，淘汰方案一，将第三方案与第二方案比较：

$$T_a = \frac{K_3 - K_2}{C_2 - C_3} = \frac{156 - 132}{22 - 18} = 6(\text{年}) > 5(\text{年})$$

方案二优于方案三，淘汰方案三。

结论：在三个方案中，方案二最好。

**【例2-8】** 某项工程建设有两个设计方案，第一方案采用比较先进的技术设备，投资额为4000万元，年成本为629万元；第二方案投资为3000元，年成本为900万元。两个方案的年销售收入均为1200万元。试计算比较其投资回收期及投资效果系数。

**解**：第一方案：

$$\text{投资回收期}\quad T_{p1} = \frac{4000}{571} = 7(\text{年})$$

$$\text{投资效果系数}\quad E_1 = \frac{1}{7} = 0.14$$

第二方案：

$$\text{投资回收期}\quad T_{p2} = \frac{3000}{300} = 10(\text{年})$$

$$\text{投资效果系数}\quad E_2 = \frac{1}{10} = 0.10$$

因第一方案的投资额大于第二方案，再比较其追加投资回收期与追加投资效果系数，

追加投资回收期：

$$T_a = \frac{4000 - 3000}{900 - 629} = 3.69(\text{年})$$

追加投资效果系数：

$$E_a = \frac{1}{3.69} = 0.27$$

由以上计算结果表明，第一方案投资虽比第二方案多，但由于采用比较先进的技术设备，成本低，利润高。所以，投资回收期短，较优于第二方案，第一方案较第二方案多花的1000万元投资，在3年7个月的时间内即可收回，追加投资回收期也较短。从长远来看，第一方案更是明显地优于第二方案。

如果有第三方案、第四方案一起比较，其投资额与生产成本都不相同，则在满足基准投资回收期要求的基础上，其追加投资回收期最短的方案为最优。

在这里值得注意的是，运用追加投资回收期或追加投资效果系数进行评价时，只说明两方案中哪个方案经济效果较好，不说明可行性如何，可能两个都可行，也可能两个都不可行。因此，在使用时不能用来判断可行与否，如要知道是否可行，可用投资收益率或投资回收期分别进行计算，如果较差方案都可行，那么较好方案肯定是可行的。

## 二、盈亏平衡分析法

应用盈亏平衡分析进行方案比较，在需要对若干个方案比选的情况下，如果是共有的不确定因素影响这些方案的取舍，则可用盈亏平衡分析法帮助决策。

**1. 两个方案时的盈亏平衡分析**

当有两个可以相互替代的方案，它们的函数决定于一个共同的变量时如：

方案（一）的成本　$C(x_1)=f_1(Q)$

方案（二）的成本　$C(x_2)=f_2(Q)$

式中 $Q$ 为两个方案的成本的函数的共同变量。据盈亏平衡点原理：

则
$$C(x_1)=C(x_2)$$

即
$$f_1(Q)=f_2(Q)$$

由此可以求得 $Q$ 值，即为两个方案平衡处的变量值。

**【例 2-9】**　现有一个挖土工程，有两个施工方案：一个是人工挖土，单价为 5 元/$m^3$；另一个是机械挖土，单价为 4 元/$m^3$，但需机械的购置费 15000 元，问这两个施工方案适用情况如何？

**解：**设两个方案共同应该完成的挖土工程量为 $Q$，

则人工挖土成本 $C(x_1)=5Q$

机械挖土成本 $C(x_2)=4Q+15000$

令 $C(x_1)=C(x_2)$

即 $5Q=4Q+15000$

$Q=15000m^3$

由图 2-5 可见，挖土工程量大于 15000$m^3$ 时用机械挖土方案较为合理；当挖土工程量小于 15000$m^3$ 时用人工挖土经济。

**【例 2-10】**　某公司有两种机械采用方案，它们的成本如表 2-3。

表 2-3

| 方　案 | 机 械 甲 | 机 械 乙 |
|---|---|---|
| 固定成本（元） | 1000 | 3000 |
| 每件变动成本（元/件） | 2.00 | 1.00 |

求：①两方案的交点；②在交点时的成本

**解：**①两方案的交点

$$Q=\frac{3000-1000}{2-1}=2000(\text{件})$$

如图 2-6，当定货量小于 2000 件时，使用机器甲，如果定货大于 2000 件时，使用机器乙。采用机器甲或乙的数据代入式中，求得 2000 件在两交点时总成本 $C(x)$

$$C(x)=1000+2\times(2000)=5000(\text{元})$$
$$C(x)=3000+1\times(2000)=5000(\text{元})$$

**2. 多个方案时的盈亏平衡分析**

仍用设备方案的共同变量，再以共同变量建立每个方案的成本函数方程。如：

$$C(x_1)=f_1(Q)$$
$$C(x_3)=f_3(Q)$$

要求每两个方案进行求解，分别求出两个方案的平衡点数量，然后再进行比较，选择其中最经济的方案。

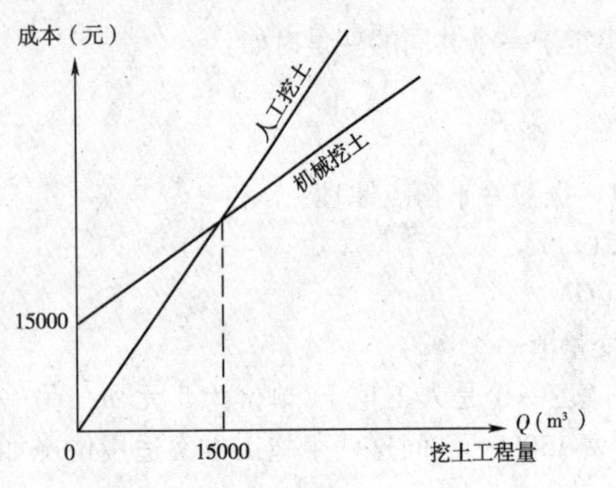


图 2-5

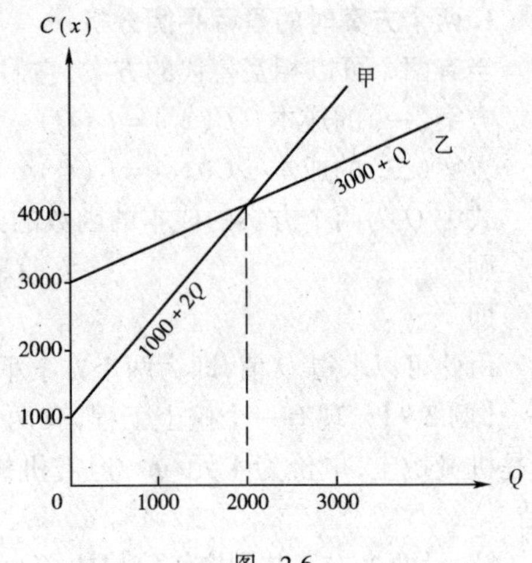


图 2-6

多方案线性盈亏平衡分析用图解法较为方便，可以定出各方案适宜的范围。

**【例 2-11】** 拟兴建某项目，机械化程度高时投资大，固定成本高，则可变成本低，现有三种方案可供选择，参数如表 2-4。

表 2-4

| 方　　案 | A | B | C |
|---|---|---|---|
| 产品可变成本(元/件) | 100 | 60 | 40 |
| 产品固定成本(元) | 1000 | 2000 | 3000 |

**解：**根据已知条件，设 $Q$ 为预计产量，各方案的产量与成本关系方程式为：

$$Y = y' + y''$$

方案 A　$C(A) = 1000 + 100Q$

方案 B　$C(B) = 2000 + 60Q$

方案 C　$C(C) = 3000 + 40Q$

设方案 A 与方案 B 的成本线交点在横轴上坐标为 $Q_{AB}$，其求法使

$$C(A) - C(B) = 0$$

即　$1000 + 100Q = 2000 + 60Q$

$40Q = 100 \qquad \therefore Q_{AB} = 25$

$$C(B) - C(C) = 0$$

即　$2000 + 60Q = 3000 + 40Q$

$2Q = 1000 \qquad \therefore Q_{BC} = 50$

$$C(A) - C(C) = 0$$

即　$1000 + 100Q = 3000 + 40Q$

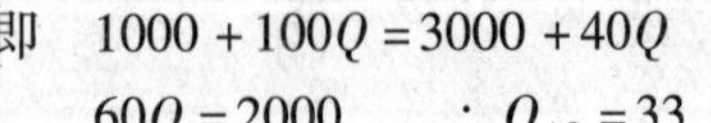

$60Q = 2000 \qquad \therefore Q_{AC} = 33.3$

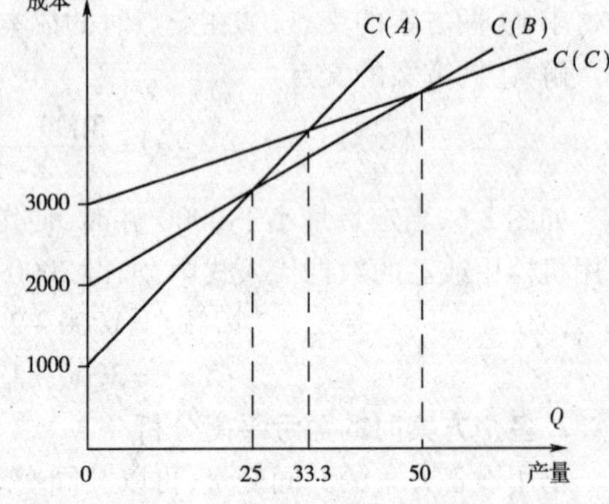


图 2-7

从图 2-7 可以看出，每种生产方式在不同的产量范围内有不同的效果：

①当产量小于 25 件时，A 方案成本最低；

②当产量介于 25～50 件之内，B 方案成本最低；

③当产量大于 50 时,C 方案成本最低。

最后应结合投资和其他条件综合考虑选择可行方案。

## 本 章 小 结

本章主要介绍了投资回收期法、投资效果系数法等静态分析和盈亏平衡分析的方法。在使用上,判断方案是否可行,一般用投资效果系数法、投资回收期法和盈亏平衡分析法。比较评选不同投资额的方案时,一般用追加投资回收期法和追加投资效果系数法和多方案平衡点法。以上经济分析法具有计算简便的优点,因此对投资项目方案进行粗略评价时,不失为一个简便实用方法,但是它们也存在缺点,一是没有考虑资金的时间价值,在对大、中型的投资项目及建设期长的投资项目进行评价时往往产生假象;二是忽略了项目存在期间的投资经济效果,如投资回收期计算公式就与项目的寿命期无关,也会给评价工作带来假象。下面看一个例子分析便可知,设 A 与 B 方案投资及收益如表 2-5,根据公式 $T=K/M$ 得 $T_a=1000/200=5$(年),看起来 B 方案投资回收期 4 年,A 方案投资回收期 5 年,B 方案比 A 方案好,但其实 A 方案永远收不回投资,因项目只有 3 年经济收益寿命,只回收了 750 万元,即使 B 方案有 4 年寿命,收回了投资,但以后效益情况 A 方案有第 6 年、第 7 年经济寿命,还可以产生效益,而 B 则毫无效益,因此在进行可行性研究中还要注意项目设备寿命周期。

表 2-5

| 方 案 | 投资 | 收 益 | | | | | | |
|---|---|---|---|---|---|---|---|---|
| | 0 年 | 1 年 | 2 年 | 3 年 | 4 年 | 5 年 | 6 年 | 7 年 |
| A | 1000 | 200 | 200 | 200 | 200 | 200 | 200 | 200 |
| B | 1000 | 250 | 250 | 250 | 0 | 0 | 0 | 0 |

### 复习思考题

1. 技术经济效果的静态和动态评价方法有什么区别?

2. 静态分析方法有什么优缺点?

3. 什么是盈亏平衡点?

4. 静态分析法反映在投资经济上是否可行? 用哪两种方法? 比较不同投资方案优劣一般用哪几种方法?

5. 某工程项目,第 1 年投资 3000 万元,第 2 年投资 5000 万元,第 3 年投资 3000 万元,第 4 年试产获得净收益 1000 万元,第 5 年获得净收益 2000 万元,第 6 年获得净收益 2000 万元,第 7 年以后每年平均获得净收益 3000 万元,计算该项目的投资回收期。

6. 某公司准备建仓库,现有木结构和钢筋混凝土结构两个方案可供选择。木结构方案的造价为 100 万元,寿命期为 15 年;钢筋混凝土结构方案的造价为 200 万元,寿命期为 60 年;建成后,木结构仓库将比钢筋混凝土结构年维修费用多 3 万元。由于仓库所在地区的特点,上述的寿命期估计没有把握。试用盈亏平衡分析法分析采用哪个方案有利。设资本的利率 $i=10\%$。

# 第三章
# 工程经济动态分析

1. 描述资金的时间价值、现金流量图的概念和计算方法；

2. 学会利用复利法进行资金的等值换算，进行各种支付公式的应用；

3. 描述净现值法、内部收益率法、年值法、动态投资回收期等经济动态分析方法；

4. 进行寿命不同的方案评价计算。

## ● 第一节　资金的时间价值 ●

### 一、资金的时间价值

**1. 资金时间价值的意义**

货币如果作为贮藏手段保存起来，不论经过多长时间，仍为同量货币，金额不变。但货币如果作为社会生产资金（或资本）参与再生产过程，就会带来利润，即得到增值。货币的这种增值现象一般称为货币的时间价值，或称为资金的时间价值。通常情况下，经历的时间越长，资金的数额越大，其利润就越大。由于公路交通和运输事业的开发和生产周期长，投资额巨大，因而在投资决策和资金运用中如果不考虑资金的时间价值，就不能做出正确的决策。

资金的时间价值有两个含义：其一是将货币用于投资，通过资金运动使货币增值；其二是将货币存入银行或出借，相当于个人失去了对这些货币的使用权，用时间计算这种牺牲的代价。

无论上述哪个含义，都说明资金时间价值的本质是资金的运动，只要发生信贷关系，它就必然发生作用。

在建设项目投资经济效果评价中，要考虑资金的时间价值，这也是从实践中总结出来的。

能否正确地确定资金的时间价值，是建设项目投资经济效果评价结论正确与否的关键，也是提高我国建设项目投资经济效果的关键。

**2. 资金时间价值的度量**

资金的时间价值是以一定数量的资金在一定时期内的利息来度量的，而利息是根据本金的数额、利率和计息时间来计算的。这里所指的利息是一种广义的概念，是投资净收益与借贷利息的统称。

1)利息与利率

利息、盈利或净收益,都可视为使用资金的报酬,它是投入资金在一定时间内生产的增值,一般把银行存款获得的资金增值叫利息;把资金投入生产建设产生的资金增值,称为盈利或净收益,可见利息或盈利都是资金时间价值的体现,利息或盈利是衡量资金时间价值的绝对尺度。

利率、盈利率或收益率是一定时间(通常为年)的利息或收益占原投入资金的比率,即利息与本金的比值,也称之为使用资金的报酬率。它反映了资金随时间变化的增值率。通常以百分率表示。因此,它是衡量资金时间价值的相对尺度。例如,6%的应付利率即0.06的年利率,这相当于0.015的应付季利率,或0.005的应付月利率。

在技术经济分析中,利息与盈利、利率与盈利或收益率是不同的概念,一般在研究某项投资的经济效果时,经常使用净收益(或盈利)和收益率(或盈利率)的概念,在计算分析资金信贷时,则使用利息和利率的概念。

2)单利与复利

利息和利率或净收益和收益率是衡量资金时间因素的尺度。故计算资金时间因素的方法,就是计算利息的方法,利息有单利和复利两种。计算资金的时间因素就有单利法和复利法两类方法。分析如下:

(1)单利法

单利法是以本金为基数计算资金价值(即利息)的方法。不将利息计入本金之内,也不再生利息。

单利计算式:

$$F = P(1 + ni) \tag{3-1}$$

式中:$i$——利率;

$n$——利息周期数(通常为年);

$P$——本金,表示一笔可投资之现款;

$F$——本利和,按利率 $i$、本金 $P$ 经过 $n$ 次计算利息后,本金与全部利息之总和。

**【例3-1】** 某项公路建设投资由建设银行贷款14亿元,年利率8%,10年后一次结清,以单利结算应还本利和为:

由式(3-1)

$$\begin{aligned} F &= P(1+ni) \\ &= 14(1+10\times0.08) \\ &= 25.2(亿元) \end{aligned}$$

单利法在一定程度上考虑了资金的时间价值,但不彻底。因为,以前已经产生的利息,没有累计计算。所以,单利法还是个不够完善的方法。

(2)复利法

复利法是以本金和累计利息之和为基数计算资金时间价值(即利息)的方法,也就是利上加利的计算方法。复利计算式为:

$$F = P(1+i)^n \tag{3-2}$$

某项投资1000元,年利率为7%,如利息不取出而是继续投资,那么盈利额将会逐年增加,这种重复计算盈利的方法即复利计算法。这项投资的增加过程如表3-1所示。

由表3-1的计算过程和结果看出,复利法不仅本金逐期计息,而且以前累计的利息,亦逐期加利。因此，复利法能够充分地反映资金的时间价值，也更符合客观实际。这是国外普遍采用的方法，也是国内现行信贷制度正在推行的方法。

表 3-1

| 年　份 | 年初本金 | 当年盈利 | 年末本利和 |
|---|---|---|---|
| 1 | 1000 | 1000 ×7% =70 | 1070.00 |
| 2 | 1070 | 1070 ×7% =74.9 | 1144.90 |
| 3 | 1144.9 | 1144.9 ×7% =80.143 | 1225.04 |
| 4 | 1225.04 | 1225.04 × 7% =85.75 | 1310.79 |
| | | 以下类推 | |

## 二、名义利率和实际利率

以上的复利利息计算中，把利息周期作为一年。当利息周期不满一年时，就有了名义利率与实际利率之区分。所谓名义利率，或称虚利率，一般指银行标明的年利率，它不考虑实际计息周期多长。而实际利率又叫有效年利率。当一年内计息多次时，它是反映实际利息额高低的年利率。若计息周期为一年，则名义利率等于实际利率。若一年中有若干个计息期，则名义利率小于实际利率。

下面可通过表 3-2 内数据作一比较。贷款 1000 元，名义利率为 12%。

表 3-2

| 计息周期 | 一年内计息周期数 | 周期实际利率 | 本利和复利计算公式 | 年实际利息 | 年实际利率 |
|---|---|---|---|---|---|
| 年 | 1 | 12% | $1000\times(1+12\%)$ | 120 | 12% |
| 半年 | 2 | 6% | $1000\times(1+6\%)^{2}$ | 123.6 | 12.36% |
| 季 | 4 | 3% | $1000\times(1+3\%)^{4}$ | 125.51 | 12.551% |
| 月 | 12 | 1% | $1000\times(1+1\%)^{12}$ | 126.82 | 12.682% |
| 周 | 52 | 0.231% | $1000\times(1+0.231\%)^{52}$ | 127.38 | 12.738% |
| 天 | 365 | 0.033% | $1000\times(1+0.033\%)^{365}$ | 127.47 | 12.747% |

名义利率求实际利率的计算公式为：$i=(1+\frac{r}{t})^{t}-1$　　(3-3)

式中：$i$——实际利率；

$r$——名义利率；

$t$——复利周期数。

由于计息的周期长短不同，同一笔资金在占用的总时间相等的情况下，所付的利息会有明显的差别。结算次数愈多，给定利率所产生的利息就愈高。当利用连续复利时，即每时每刻均计息，则 $t\to\infty$ 时，

$$i=\lim_{t\to\infty}\left[\left(1+\frac{r}{t}\right)^{t}-1\right]=\lim_{t\to\infty}\left[\left(1+\frac{r}{t}\right)^{t/r}\right]^{r}-1=e^{r}-1 \tag{3-4}$$

在进行工程方案的经济比较时，若按复利计息，而各方案在一年中计息利息的次数不同，就难以比较各方案的经济效益的优劣，这就需要将各方案计息的名义利率全部换算成实际利率，然后进行比较。

【例 3-2】　某隧道建设项目拟向外商订购设备，有两个银行可提供贷款，甲行年利率 17%，计算周期为年，乙行利率 16%，但按月复利计算，试比较应向哪家银行贷款？

**解**：甲行的实际利率就是名义利率为 17%

乙行的名义利率 $r=16\%$，需求出实际利率

已知 $n=12$

$$i=(1+0.16/12)^{12}-1$$
$$=17.227\%$$

乙行的实际利率略高于甲行的实际利息，故应向甲行贷款为宜。

## 三、现金流量与现金流量图

### 1. 现金流量

一个建设项目在某一个时期内支出的费用称为现金流出，取得的收入称为现金流入。现金的流出量和现金的流入量统称为现金流量。因此现金流量有正有负。在建设项目投资经济效果评价中，一般按年计算现金流量值。

在进行经济效果评价时，先要计算出各年的现金流入量和现金流出量，最后计算出各年的净现金流量（流入量与流出量的代数和）。计算时，现金流入量按正值看待，现金流出量作为负值看待。

### 2. 现金流量图

现金流量图是反映资金运动状态的图示，它是根据现金流量绘制的。在现金流量图中，要反映资金的性质（是收入或是支出）、资金发生的时间和数额大小。现金流量的性质是与对象有关的，收入与支出是对特定对象而言。贷款人的收入，就是借款人的支出或归还贷款，反之亦然。通常，现金流量的性质是从资金使用者的角度来确定的，如图 3-1、图 3-2 所示。

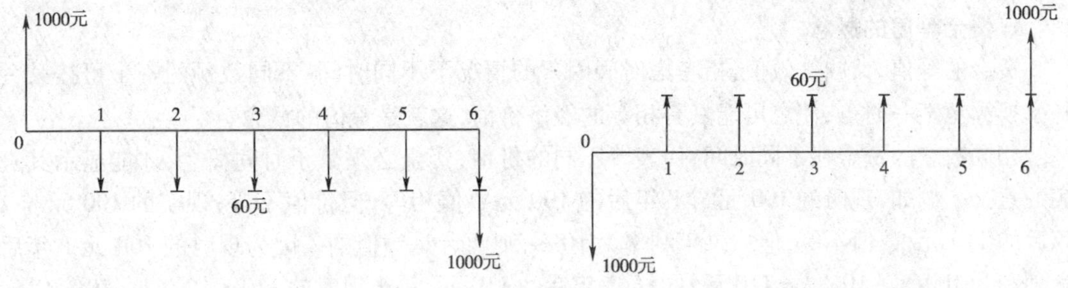


图 3-1　借款人的现金流量图　　　　图 3-2　贷款人的现金流量图

现金流量图的作图规则如下：

(1) 以横轴为时间轴，愈向右延伸表示时间愈长，将横轴分成相等的时间间隔，间隔的时间单位以计息期为准，通常以年为单位；时间坐标的起点通常取为建设项目开始建设年的年初。

(2) 凡属收入、借入的资金等，规定为正现金流量；凡正的现金流量，用向上的箭头表示，可按比例画在对应时间坐标处的横轴上方。

(3) 凡属支出、归还贷款等的资金规定为负现金流量；凡负的现金流量，用向下的箭头表

示，可按比例画在对应时间坐标处的横轴下方。若不按比例绘制，可在箭线上标注具体的现金流量值。

(4)为了计算上的方便和统一，一般假定现金支付都集中在每期期末（但不一定是每年年末）。

### 四、现值与时值

现值（$P$）：发生在（或折算为）某一特定时间序列起点的效益或费用，称为现值。各计息期终点的费用或效益，都按某一既定的折现率折算到零点年末的效益或费用称为现值。

终值（或将来值、未来值）（$F$）：发生在（或折算为）某一特定时间序列终点的效益或费用，称为终值或将来值、未来值。

等额年金（$A$）：发生在（或折算为）某一特定时间序列各计息期末（不包括零期）的等额序列。

时值（Time Value）：资金的数值由于利息而随着增值，在每个计息周期末的数值是不等的，在时点的资金称为时值。

时点：计算资金时值的那个时间的点即称为时点。

贴现和贴现率：把将来的现金流量折算（或者叫折现）为现在的时值，叫做“贴现”。贴现时所用的利率，称为贴现率。贴现是复利计算的倒数。

## ● 第二节　资金的等值计算及公式应用 ●

### 一、资金的等值计算

**1. 资金等值的概念**

资金的等值，又叫等效值，指考虑时间因素的情况下不同时间、不同数额的资金可按某一利率换算至某一时点，使之可能具有相等的经济价值，这就是等值的概念。

相同数量的资金在不同时间，代表着不同的价值，资金必须赋予时间概念，才能显示其真实的意义。例如，现时的100元与1年后的100元数值相等，但价值不等；现实的100元与1年后的110元，数值不等，但如果年利率为10%，则两者是等值的。因为现时的100元1年后本利和为100(1+10%)=110元；同样，1年后的110元，等于现时的110×[1/(1+10%)]=100元。

资金的等值是以规定的利率为前提的，当各支付系列的利率不同时，其等值关系即不成立。如果两个现金流量等值，则在任何时点也必然等值；位于同一点时，其价值与数值均相等。

影响资金等值的因素为资金数额大小、利率和计息期数的多少。

等值是技术经济分析、比较、评价不同时期资金使用效果的重要依据。

**2. 等值计算**

利用等值概念，我们可以把某一时间（时期、时点）上的资金值变换为另一个时间上价值相等但数额不等的资金值，这一换算过程称为资金的等值计算。实际上，复利计算即为等值计算。

**3. 研究资金等值及等值计算的意义**

在对公路建设项目进行多方案经济效果比较评价时，每个方案的现金流量值各不相同，这是因为每个方案的资金支出或收入的形式、产生的时间和数额不尽相同。要对方案进行比较评价，必须将每个方案的所有现金支出收入折算到某一规定的时间点，在价值相等的前提下再进行数值比较。若不对各种支付情况和发生在不同时间点的资金进行等值计算和转换，就不能对资金数额值进行数值运算，也就不能在考虑资金时间价值的条件下进行建设项目投资经济效果的评价。

## 二、资金等值计算公式及其应用

由资金等值的概念可知，复利计算即为等值计算。普通复利公式是指以年复利计息，按年进行支付的复利计算公式，根据支付方式和等值换算时点的不同，可分为若干类，分述如下：

**1. 一次支付复利公式**

1）一次支付终值公式

若现在投资 $P$ 元，利率（收益率）为 $i$，到 $n$ 年末累计本利和将为多少？

假定将货币现值 $P$ 投资 1 年（假设息期是 1 年），利率 $i$。年末应当收回初期投资 $P$ 值，连同利息 $iP$，共计 $P(1+i)$。假定第 1 年末不抽回投资，同意延展 1 年，那么第 2 年末投资值变成多少了呢？第 1 年末的总金额 $P(1+i)$，到第 2 年末可得到利息 $iP(1+i)$。本金 $P(1+i)$ 加利息 $iP(1+i)$ 意味着第 2 年末投资总额变成 $P(1+i)+iP(1+i)$，即 $P(1+i)^2$。如果再继续延展到第 3 年，第 3 年末的投资总额将变为 $P(1+i)^3$。$n$ 年后的总金额为 $P(1+i)^n$。整个流程如图 3-3 所示。

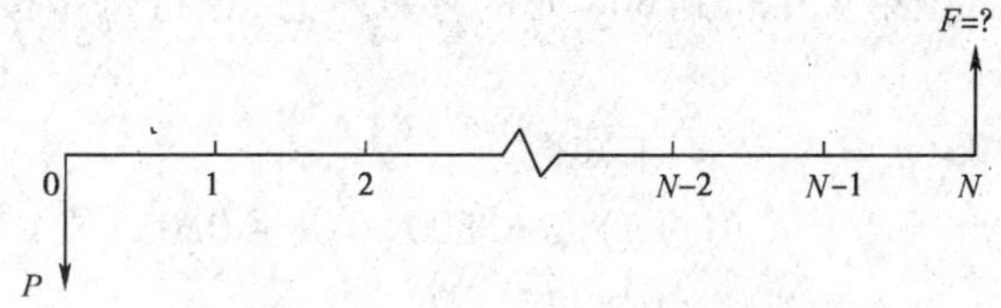


图 3-3　一次支付终值现金流量图

计息期开始的金额 + 期内获息 = 期末本利和

第 1 年　$P + iP = P(1+i)$

第 2 年　$P(1+i) + iP(1+i) = P(1+i)^2$

第 3 年　$P(1+i)^2 + iP(1+i)^2 = P(1+i)^3$

…　　…　　…

第 $n$ 年　$P(1+i)^{n-1} + iP(1+i)^{n-1} = P(1+i)^n$

换言之，$n$ 期内现值 $P$ 增加到 $P(1+i)^n$。因此，现值 $P$ 和它将来的等值 $F$ 之间的关系式为：$F = P(1+i)^n$　　(3-5)

式中 $(1+i)^n$ 叫一次支付终值系数。其含义是 1 元资金在 $n$ 年后的本利和，并用另一特定符号 $(F/P,i,n)$ 表示，故公式(3-5)式可简化为：

$$F = P(F/P,i,n) \tag{3-6}$$

式中，系数 $(F/P,i,n)$ 可理解为已知 $P,i,n$ 求 $F$ 之意。

**【例 3-3】**　假使现在把 500 元存入银行，银行支付年复利 4%，3 年以后账上存款额有多少？

**解**：首先需验证方程中的各变数：现值 $P$ 为 500 元，每一息期的利率为 4%，3 年中有 3 个息期。计算将来值 $F$：

$P=500$ 元，$i=0.04$，$n=3$，$F=$ 未知数

$F=P(1+i)^n=500\times(1+0.04)^3=562.50$(元)

或 $F=500(F/P,4\%,3)=500\times1.125=562.5$(元)

2）一次支付现值公式

若已知 $F,i,n$ 求 $P$，则需用一次支付现值公式，其现金流量图解如图 3-4：

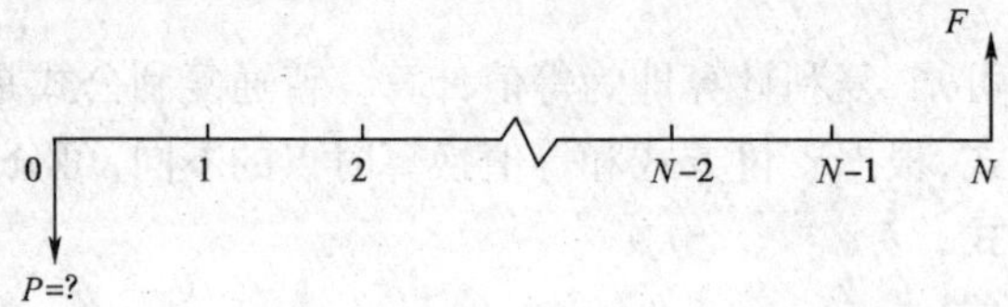


图 3-4　已知一次支付 $F$ 求一次支付 $P$ 的现金流量图解

现值函数式由终值公式倒数式求得：

$$P=F\frac{1}{(1+i)^n}=F(1+i)^{-n} \tag{3-7}$$

式中 $\frac{1}{(1+i)^n}$ 叫一次支付现值系数，也可以用 $(P/F,i,n)$ 表示，故公式可简化为：

$$P=F(P/F,i,n) \tag{3-8}$$

**【例 3-4】**　假使你希望第 4 年得到 800 元的存款本息，银行每年按 5% 利率付息，现在你应当存入多少本金？

$F=800$ 元，$i=0.05$，$n=4$，$P=$ 未知数

$$\begin{aligned}P&=F(1+i)^{-n}=800\times(1+0.05)^{-4}\\&=800\times0.8227\\&=658.16(\text{元})\end{aligned}$$

4 年末要得到 800 元的储金，现在必须存入 658.16 元。

**2. 等额支付序列复利公式**

根据等值换算时间的不同，分为等额支付序列终值公式、等额支付序列偿债基金公式、等额支付序列资金回收公式、等额支付序列现值公式等，分析如下：

1）等额支付序列终值公式

由一连串的期末等额支付值为 $A$，求 $n$ 年末包括利息在内的累积值 $F$ 的计算公式就叫等额支付序列终值公式。

若在 $n$ 年内每年末投资 $A$ 元（见图 3-5），则在第 $n$ 年末累积起来的总数 $F$ 显然等于各次投资之未值总和。第 1 年末的投资 $A$ 可得 $n-1$ 年的利息，因此其本利和应为 $F(1+i)^{n-1}$。第 2 年的投资在剩下的 $n-2$ 年末的本利和应为 $A(1+i)^{n-2}$。如此直至第 $n$ 年末投资不得利息，本利和仍为 $A$。于是总数 $F$ 为

$$F=A(1+i)^{n-1}+A(1+i)^{n-2}+A(1+i)^{n-3}+\cdots+A(1+i)^2+A(1+i)+A \tag{a}$$

(a)式两端同乘$(1+i)$

$$F(1+i)=A(1+i)^n+A(1+i)^{n-1}+A(1+i)^{n-2}+\cdots+A(1+i)^2+A(1+i) \quad \text{(b)}$$

(b)式-(a)式　　$F(1+i)-F=A(1+i)^n-A$

即　　$F\times i=A[(1+i)^n-1]$

$$F=A\left[\frac{(1+i)^n-1}{i}\right] \tag{3-9}$$

式中：$\frac{(1+i)^n-1}{i}$叫做等额支付序列终值系数或称等额支付序列终值因子，可以用$(F/A,i,n)$表示，故又可表示为：$F=A(F/A,i,n)$　　(3-10)

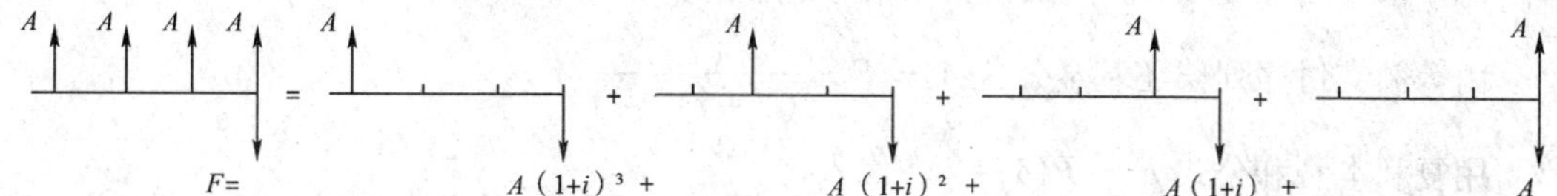


图 3-5　等额支付序列现金流量图

**【例 3-5】**　某汽车运输公司为将来的技术改造筹集资金，每年年末用利润留成存入银行 30 万元，欲连续积存 5 年，银行复利利率为 8%，问该公司 5 年末能用于技术改造的资金有多少？

**解**：由公式(3-9)有

$$F=A\left[\frac{(1+i)^n-1}{i}\right]=A(F/A,i\%,n)$$

$$=30\times\frac{(1+0.08)^5-1}{0.08}=175.998(\text{万元})$$

2）等额支付序列偿债基金公式

当 $n$ 期末要获得的终值 $F$ 为已知值时，以复利计算，每年应投入基金（或存储基金）为多少？用投入基金（基金存储）公式进行计算，其现金流量图如图 3-6 所示。

等额支付序列偿债基金公式，可直接由式(3-8)求解 $A$：

$$A=F\times\frac{i}{(1+i)^n-1} \tag{3-11}$$

式中$\frac{i}{(1+i)^n-1}$为等额支付序列偿债基金系数，可以用$(A/F,i,n)$表示，公式又可表示为：$A=F(A/F,i,n)$　　(3-12)

**【例 3-6】**　某汽车修理厂欲在 5 年后进行扩建，估计到时需资金 150 万元，资金准备自筹，每年由利润和折旧基金中提取后存入银行，若存款按复利计息，利率 6%，每年应提留多少资金？

**解**：由式(3-11)

$$A=F\times\frac{i}{(1+i)^n-1}=150\times\frac{0.06}{(1+0.06)^5-1}=26.61(\text{万元})$$

或　　$A=F(A/F,i,n)=150(A/F,0.06,5)=150(0.177)=26.61(\text{万元})$

3）等额支付序列资金回收公式

若以年利率 $i$ 投资 $P$ 元，则在 $n$ 年内的每年末可提取多少元($A$)，这样第 $n$ 年末可将初投资全部提完？此时的现金流量图如图 3-7 所示。

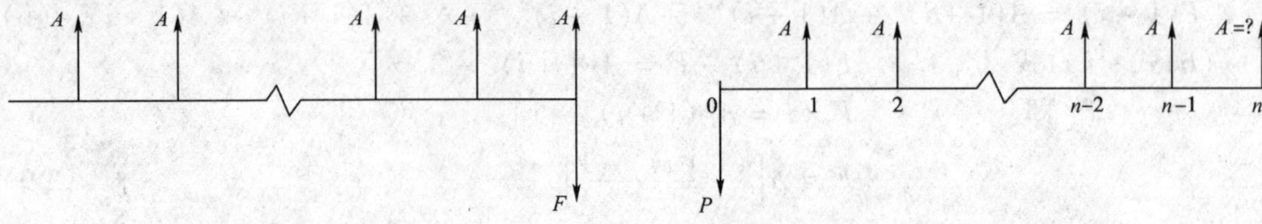


图 3-6　已知 $F$ 求 $A$ 的现金流量图　　　图 3-7　已知 $P$ 求 $A$ 的现金流量图

注意资金回收涉及到在 $n$ 年内全部回收初投资 $P$，须在 $n$ 年内全部回收初投资 $P$，须在 $n$ 年之每年末等量地提取 $A$。其函数关系推导过程是：

由等额支付序列偿还基金公式 $A = F \times \frac{i}{(1+i)^n - 1}$

用复利本利和公式 $F = P(1+i)^n$ 代入

即得：

$$A = P\frac{i(1+i)^n}{(1+i)^n - 1} \tag{3-13}$$

式中 $\frac{i(1+i)^n}{(1+i)^n - 1}$ 叫等额支付序列资金回收系数，也可以 $(A/P,i,n)$ 表示，故又可表示为：

$$A = P(A/P,i,n) \tag{3-14}$$

**【例 3-7】**　某运输公司设备更新中投入资金 800 万元，资金来源为银行贷款，年利率为 6%，要求 10 年内按年等额偿还，每年末应偿还资金多少？

**解**：由式(3-13)有 $P=800$ 元　$n=10$　$i=6\%$　$A=$ 未知数

$$\begin{aligned} A &= P\frac{i(1+i)^n}{(1+i)^n - 1} \\ &= 800 \times \frac{0.06 \times (1+0.06)^{10}}{(1+0.06)^{10} - 1} \\ &= 108.6945(\text{万元}) \end{aligned}$$

4）等额支付序列现值公式

如果在收益为 $i$ 的情况下，希望在今后几年内，每年末能取得等额的存款或收益 $A$，现在必须投入多少资金？

现值因子是资金回收因子的倒数，故其代数数式可直接由

$$A = P\frac{i(1+i)^n}{(1+i)^n - 1}$$

求解得：

$$P = A\frac{(1+i)^n - 1}{i(1+i)^n} \tag{3-15}$$

式中：$\frac{(1+i)^n - 1}{i(1+i)^n}$ 叫做等额支付序列现值系数，也可用 $(P/A,i,n)$ 表示，其值可查表求得，故又可表示为：$P=A(P/A,i,n)$　(3-16)

**【例 3-8】**　某汽车运输公司预计今后 5 年内，每年的收益（按年终计）为 85 万元，若利率按 8% 计，与该 5 年的收益等值的现值为多少？

解：$P = A\dfrac{(1+i)^n - 1}{i(1+i)^n}$

$= 85\dfrac{(1+0.08)^5 - 1}{0.08(1+0.08)^5}$

$= 339.38$（万元）

或 $P = A(P/A, i, n) = 85 \cdot (P/R, 0.08, 5)$

$= 85 \cdot (3.993) = 339.38$（万元）

## 三、普通复利公式及其应用小结

现将用普通复利法计算资金时间因素的各种公式及其应用总结见表3-3。

普通复利公式及其应用小结表 表3-3

| 普通复利 | | 已知 | 求 | 公式 | 举例 | 解答 |
|---|---|---|---|---|---|---|
| 一次支付 | 终值 | $P$ | $F$ | $F = P(1+i)^n = P(F/P,i,n)$ | 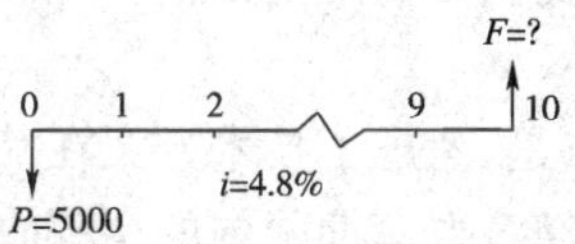 0 1 2 9 10；$F$=?；$i$=4.8%；$P$=5000 | $F = P(F/P,i,n) = 5000(F/P,4.8\%,10) = 5000 \times (1.598) = 7990.7$ |
| | 现值 | $F$ | $P$ | $P = F\dfrac{1}{(1+i)^n} = F(P/F,i,n)$ | 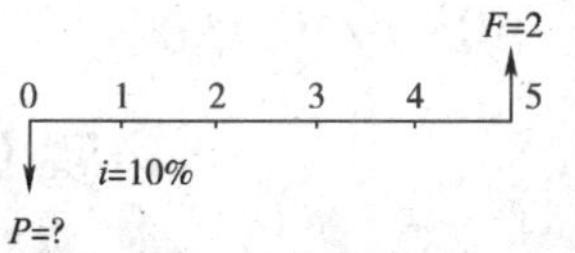 0 1 2 3 4 5；$F$=2；$i$=10%；$P$=? | $P = F(P/F,i,n) = F(P/F,10\%,5) = 2 \times (0.6209) = 1.2418$ |
| 等额支付序列 | 终值 | $A$ | $F$ | $F = A\dfrac{(1+i)^n - 1}{i} = A(F/A,i,n)$ | 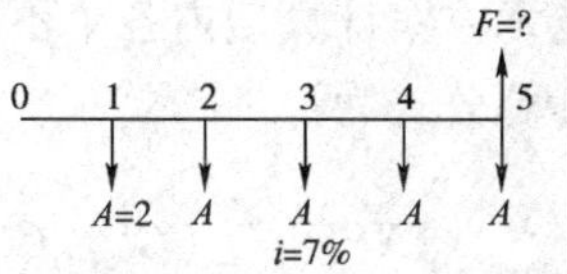 0 1 2 3 4 5；$F$=?；$A$=2 $A$ $A$ $A$ $A$；$i$=7% | $F = A(F/A,7\%,5) = A(F/A,I,n) = 2 \times (5.751) = 11.502$ |
| | 偿债基金 | $F$ | $A$ | $A = F\left[\dfrac{i}{(1+i)^n - 1}\right] = F(A/F,i,n)$ | 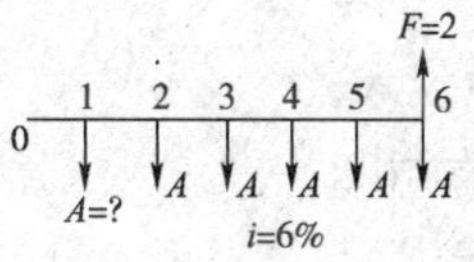 0 1 2 3 4 5 6；$F$=2；$A$=? $A$ $A$ $A$ $A$ $A$；$i$=6% | $A = F(A/F,i,n) = 20(A/F,6\%,6) = 20 \times (0.14336) = 2.867$ |
| 等额支付序列 | 资金回收 | $P$ | $A$ | $A = P\dfrac{i(1+i)^n}{(1+i)^n - 1} = P(A/P,i,n)$ | 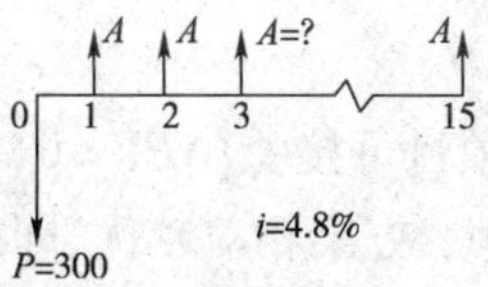 0 1 2 3 15；$A$ $A$ $A$=? $A$；$i$=4.8%；$P$=300 | $A = P(A/P,i,n) = 300(A/P,4.8\%,15) = 300 \times (0.09504) = 28.513$ |
| | 现金 | $A$ | $P$ | $P = A\left[\dfrac{i(1+i)^n - 1}{i(1+i)^n}\right] = A(P/A,i,n)$ | 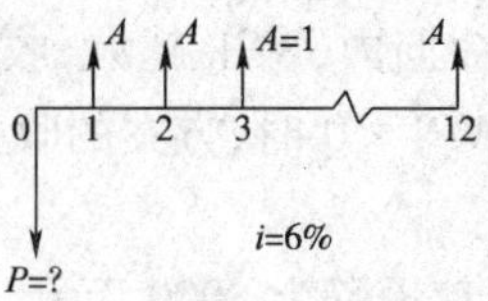 0 1 2 3 12；$A$ $A$ $A$=1 $A$；$i$=6%；$P$=? | $P = A(P/A,i,n) = 1(P/A,6\%,12) = 1 \times (8.38335) = 8.384$ |

### 四、复利系数表

所谓复利系数表，即根据前面所述复利计算（等值计算）公式计算中的各系数，按照复利利率 $i$ 和时间 $n$（时间单位可以是年、月、日等，但必须是与利率 $i$ 的时间单位相一致）的变化而制成的各系数值的表格。利用复利系数表可以查出各种复利因子的数值，直接计算。表中没有的数值可通过内插法求得。查复利系数表作为一种计算的辅助方法，曾经使繁琐的计算简化，带来不少方便；但在科学数字化、计算程序化的今天，复利系数表渐已退居二线，这里仅作介绍。

## ● 第三节　经济动态分析的基本方法 ●

在第二章中，我们已就静态分析法、静态评价指标及方案的静态评价进行了讨论，在本节和第四节中，主要在前节复利分析的基础上，对动态分析的方法和指标及方案的比选进行详细讨论。

动态评价方法的优点是，考虑了技术方案在其经济寿命期限内的投资、追加投资或更新的资金时间价值，也考虑了经济寿命期限内的全部收益及时间价值，不仅能够实现企业内部的评价，也可与其他投资方案进行比较。常见的动态分析方法有净现值法、年值法、内部收益率法、动态投资回收期法、效益费用比法和增量分析法。

### 一、净现值法

**1. 净现值法**

所谓净现值即是把技术方案计算期内各个不同时点的净现金流量按一定的折现率折算到计算初期的累计值。其计算公式为：

$$NPV=\sum_{t=0}^{n}(CI_t-CO_t)(1+i_0)^{-t} \tag{3-17}$$

式中：$NPV$——净现值；

$CI_t$——第 $t$ 年的现金流入；

$CO_t$——第 $t$ 年的现金流出；

$N$——项目的寿命年限；

$i_0$——基准折现率。

项目可行的准则：

对单一方案：$NPV \geqslant 0$，项目可接受；$NPV<0$，项目应拒绝。

多方案比选时：$NPV$ 越大，方案相对越优，即净现值最大准则。

因为当 $NPV>0$ 时，方案的收益率不仅能达到设定的基准率水平，而且还能取得超额的收益现值，相同的折现率和寿命期内，$NPV$ 越大，收益越大；$NPV=0$ 时，方案的收益率恰好达到了设定的基准折现率水平；$NPV<0$ 时，方案的收益率未达到设定的基准折现率要求水平。

单一方案评价如例 3-9：

**【例 3-9】** 某公路工程总投资为 5000 万元，投产后每年生产还另支出 600 万元，每年的

收益额为1400万元，工程经济寿命期为10年，在10年末还能回收资金200万元，年收益率为12%，用净现值法计算投资方案是否可取？

**解**：该项目现金流量如图3-8所示：

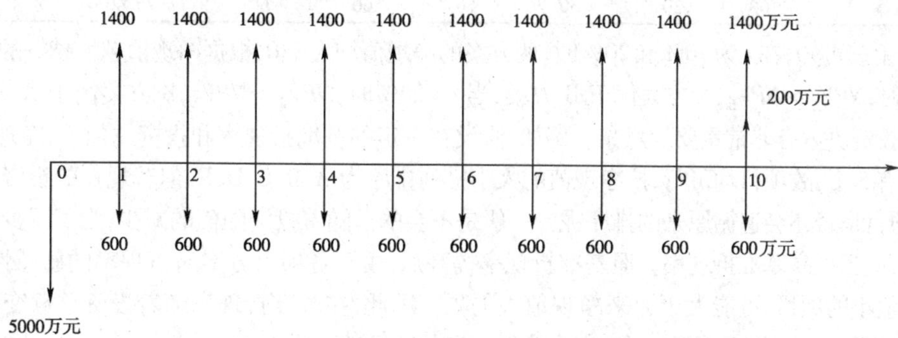


图 3-8

$$NPV = -5000 + (1400 - 600)(P/A, 12\%, 10) + 200(P/F, 12\%, 10)$$
$$= -5000 + 800 \times 5.650 + 200 \times 0.3220 = -415.6(\text{万元})$$

$NPV$小于0，则项目不可行。

多方案比选如下例：

**【例3-10】** 一个期限为5年的项目，要求收益率达到12%，现有两种方案可供选择，方案A的投资为9000万元，方案B的投资为14500万元，两方案每年可带来的净收益见表3-4，试对这两方案进行选择。

**方案A、B净现金流量表** 表3-4

| 年 份 | 0 | 1 | 2 | 3 | 4 | 5 |
|---|---|---|---|---|---|---|
| 方案A | -9000 | 3400 | 3400 | 3400 | 3400 | 3400 |
| 方案B | -14500 | 5200 | 5200 | 5200 | 5200 | 5200 |

**解**：按12%的折现率对上表中各年的净现金流量进行折现求和得：

$$NPV_A = -9000 + 3400(P/A, 12\%, 5)$$
$$= 3256.24(\text{元})$$
$$NPV_B = -14500 + 5200(P/A, 12\%, 5)$$
$$= 4244.84(\text{元})$$

两方案的净现值都是正值，因此都能满足可以接受的最低的收益率，但方案B的净现值大于方案A的净现值，在没有资金限制的情况下，方案B优于方案A。

在利用净现值比较方案中，要注意以下两个问题：

(1)净现值和$NPV$对折现率$i$的敏感性问题。

净现值对折现率的敏感性问题是指，当$i$发生变化时，若按净现值最大原则优选项目方案时，可能会出现结论相悖的情况，表3-5列出了A、B两个互相排斥的方案的净现金流量极其在折现率分别为10%和20%时的净现值。

**方案 A、B 在折现率变动时的净现值** （单位：万元） 表 3-5

| 月份及 $NPV$ | 0 | 1 | 2 | 3 | 4 | 5 | $NPV(i=10\%)$ | $NPV(i=20\%)$ |
|---|---|---|---|---|---|---|---|---|
| A 方案 | −230 | 100 | 100 | 100 | 50 | 50 | 83.91 | 24.81 |
| B 方案 | −100 | 30 | 30 | 60 | 60 | 60 | 75.40 | 33.58 |

由上表可知，在 $i$ 为10%和20%时，两方案的净现值均大于0，根据净现值越大越好的原则，当 $i=10\%$ 时，$NPV_A>NPV_B$，A 方案优于 B 方案，当 $i=20\%$ 时，$NPV_B>NPV_A$，B 方案优于 A 方案，这一现象对投资决策有非常重要的意义。例如，假设在一定的基准折现率和投资总额下，净现值大于0的项目有5个，故项目均可行，按净现值的大小排列排序为 A、B、C、D、E，但若现在的投资总额必须压缩，项目是否还会遵循原来的排序呢？一般是不会的。随着投资限额的减少，为了减少被选方案的数目，应当提高基准折现率。但基准折现率提高后，由于各项目方案对折现率的敏感性不同，原先净现值小的项目，可能大于原来净现值大的项。因此，在基准折现率随着投资总额变动的情况下，按净现值的总则选取项目，不一定会遵循原有的项目排列顺序。

（2）净现值指标用于多方案比较时要求被比较方案具有相同的计算期。

**2. 费用现值法**

在对多个方案比较选优时，如果几个方案的产出价值相同，或者诸方案都能满足同样的需要，但其收益或效益难以用价值形态（货币）计量（如机械设备的应用价值）时，可以通过比较各方案的费用，即将各方案寿命期内的投资及运营费用，折算到项目投资初期，累加求出各方案的费用现值，进行比较分析。

费用现值的计算公式：

$$PC=\sum_{t=0}^{n}(I_t-C_t)(P/F,i_0,t)-(S_v+W)(P/F,i_0,n) \tag{3-18}$$

式中：$PC$——费用现值；

$I_t$——第 $t$ 年的投资费用；

$C_t$——第 $t$ 年的总经营成本；

$S_V$——计算期末回收的固定资产残值；

$W$——计算期末回收的流动资金；

$n$——项目的寿命年相；

$i_0$——基准折现率。

**【例 3-11】** 某工程项目需对起重设备进行评选，合同期为8年，为选择设备购置的方案，提出以下三方案可供评选。

**方案Ⅰ**：3台 A 型塔式起重机，每台原价为80000元，使用8年后的剩余值为10000元；每年每台起重机的维修费为3600元，而在第3年末每台需花费12000元进行大修；每台起重机驾驶员的工资为每周120元。

**方案Ⅱ**：1台 A 型塔式起重机，4台 B 型塔式起重机，每台原价为32000元，使用8年后，B 型塔式起重机无剩余值，B 型塔式起重机每台每年维修费为2400元，在第4年末进行大修时所需的费用为每台10000元，B 型起重机驾驶员的工资与 A 型相同。

**方案Ⅲ**：7台 B 型塔式起重机，各项费用与方案Ⅱ中 B 型起重机相同。

每个方案提供服务的满意程度是等同的，每年适宜的折现率为14%，应采用哪个方案较好？

**解**:先计算出这三个方案的各项费用,根据各年度的费用支出列出现金流量表如下:

| | | |
|---|---|---|
| **方案Ⅰ**: | A型起重机3台 | $80000\times3=240000$ |
| | 年维修费用 | $3600\times3=10800$ |
| | 大修费(第3年末) | $12000\times3=36000$ |
| | 年工资 | $120\times52\times3=18720$ |
| | 残值 | $10000\times3=30000$ |
| **方案Ⅱ**: | A型起重机1台 | $80000\times1=80000$ |
| | B型起重机4台 | $32000\times4=128000$ |
| | 年维修费用 | $3600+2400\times4=13200$ |
| | 大修费(A型) | 12000 |
| | 大修费(B型) | $10000\times4=40000$ |
| | 年工资 | $120\times52\times5=31200$ |
| | 残值 | 10000 |
| **方案Ⅲ**: | B型起重机7台 | $32000\times7=224000$ |
| | 年维修费用 | $2400\times7=16800$ |
| | 大修费 | $10000\times7=70000$ |
| | 年工资 | $120\times52\times7=43680$ |

根据费用现值计算公式,其计算结果如下:

$$PC_{\text{I}}=240000+(10800+18720)(P/A,14\%,8)+36000(P/F,14\%,3)-30000(P/F,14\%,8)$$
$$=240000+29520\times4.63886+36000\times0.67497-30000\times0.35056$$
$$=390721(\text{元})$$

$$PC_{\text{II}}=80000+128000+(13200+31200)(P/A,14\%,8,)+12000(P/F,14\%,3)+40000(P/F,14\%,4)-10000(P/F,14\%,8)$$
$$=208000+44400\times4.63886+12000\times0.67497+40000\times0.59208-10000\times0.35056$$
$$=442243(\text{元})$$

$$PC_{\text{III}}=224000+(16800+43680)(P/A,14\%,8,)+70000(P/F,14\%,4)$$
$$=224000+60480\times4.63886+70000\times0.59208=546004(\text{元})$$

三种方案对比,第一方案费用最少,则第一方案可行。

应用费用现值时应注意:

(1)被比较方案应具有相同的产出价值,或能满足相同的需要。

(2)要求被比较的方案具有相同的计算期。

## 二、年 值 法

年值法是指按给定的基准折现率,通过等值换算,将方案计算期内各个不同时点的现金流量分摊到计算期内的各年,计算出不同方案的等额年值的方法。与现值法相对应,有净年值和费用年值两个指标。

**1.净年值法**

净年值是通过资金的等值计算将项目的净现值分摊到寿命期内各年(从第1年到第 $n$ 年)的

等额年值。净年值的计算公式如下：

$$NAV = [\sum_{t=0}^{n}(CI_t - CO_t)(1+i_0)^{-t}](A/P,i_0,n) \tag{3-19}$$

或 $NAV = NPV(A/P,i_0,n)$

评价准则：

(1) $NAV = 0$，表示项目实施后的投资收益率正好达到基准收益率。

(2) $NAV > 0$，表示项目实施后的经济效益不仅达到了基准收益率的要求，而且还有富余。

(3) $NAV < 0$，表示项目实施后的经济效益达不到基准收益率的要求。

因此，$NAV \geqslant 0$ 时，认为方案在经济效果上是可行的。

将净年值的计算公式和判别原则与净现值的计算公式和判别原则作一比较可知，净现值给出的信息是项目在整个寿命期内获取的超额收益的现值。与净现值不同的是，净年值给出的信息是寿命期内每年的等额超额收益。由于信息的含义不同，而且由于在某些类型的方案比选中，采用净年值比采用净现值更为简便和易于计算，故净年值指标在经济评价指标体系中占有相当重要的地位。

**【例 3-12】** 某投资方案的净现金流量如图 3-9 所示，设基准收益率为 10%，求该方案的净年值。

**解**：按净年值公式 $NAV = NPV(A/P,i_0,n)$ 得：

$$NAV = [-5000 + 4000(P/F,10\%,2) + 2000(P/F,10\%,4) + 7000(P/F,10\%,4) - 1000(P/F,10\%,3)] \times (A/P,10\%,4) = 1311 \text{（万元）}$$

计算结果表明，该方案实施后，不仅能达到 10% 的收益率，而且每年还有 1311 万元的净收入，该方案是可以接受的。

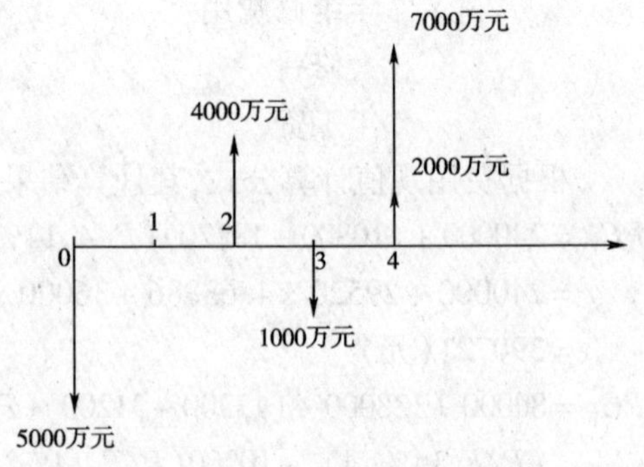


图 3-9

**2. 费用年值法**

费用年值是按基准折现率，通过等值计算，将方案各计算期内各个不同时间点上的现金流出分摊到计算期内各年等额年值。

费用年值的计算公式为：

$$AC = [\sum_{t=0}^{n}(I_t - C_t)(P/F,i_0,n) - (S_v + W)(P/F,i,n)](A/P,i_0,n) \tag{3-20}$$

或 $AC = PC(A/P,i_0,n)$

**【例 3-13】** 某项目有两个施工工艺方案，均能满足同样的需要，其费用数据如表 3-6，在基准折现率为 10% 的情况下，两个方案费用现值各为多少？哪种方案可行？

两个工艺方案的费用数据表（单位：万元） 表 3-6

| 方　案 | 总投资（第 0 年末） | 年运营费用（第 1 到 10 年） |
|---|---|---|
| A | 200 | 60 |
| B | 300 | 35 |

**解**:各方案的费用年值计算如下:

$AC_A = 200(A/P,10\%,10) + 60 = 92.55$(万元)

$AC_B = 300(A/P,10\%,10) + 35 = 83.82$(万元)

根据费用最小的选优准则,方案 B 的费用较小,B 方案优于 A 方案。

## 三、内部收益率法

**1. 内部收益率的定义**

内部收益率又称内部报酬率,它指的是使方案在研究期内一系列收入和支出的现金流量净现值为零时的折现率。它是一个反映投资者内部报酬率的可能性指标,因此称为内部收益率。根据定义,由下面公式

$NPV = \sum_{t=0}^{n}(CI_t - CO_t)(1+i)^{-t} = 0$ 时所对应的 $i$ 就是方案的内部收益率,通常用符号 *IRR* 表示。

在利用上述公式求解 *IRR* 时,非常麻烦,不易很快得到结果,现介绍两种求算方法。

**2. 内部收益率的求算**

(1)净现值函数作图法

将净现值 *NPV* 示为折现率 *I* 的函数,根据不同的 $i$,可以计算出不同的 *NPV* 值,将 *NPV* 值作为 $i$ 的函数列表并绘曲线图,可求出 *NPV* 等于 0 时的 *IRR* 值。

**【例 3-14】** 有一个投资方案其现金流量如表 3-7。

表 3-7

| 年　末 | 0 | 1 | 2 | 3 | 4 |
|---|---|---|---|---|---|
| 现金流量 | -1000 | 400 | 400 | 400 | 400 |

按不同的 $i$ 相隔 10% 计算此现金流量的净现值如表 3-8。

表 3-8

| $i$ 值(%) | 0 | 10 | 20 | 30 | 40 | 50 |
|---|---|---|---|---|---|---|
| *NPV* 值(元) | 600 | 268 | 35 | -133 | -260 | -358 |

根据表 3-8 的数据,以 $i$ 为横坐标,以 *NPV* 为纵坐标,做 $NPV \sim i$ 之间的关系曲线图,查图即可知 $i$ 为 22% 时,*NPV* 为 0,则 *IRR* 为 22%。

(2)近似内插法

从上例中可见,当 $i$ 为 20% 时,*NPV* 为 35,当 $i$ 为 30% 时,*NPV* 为 -133,则 *NPV* 为 0 时的 $i$ 值,即 *IRR* 值,一定在 20% ~30% 之间,因此可用近似内插法求解 *IRR*。

首先选一个适当的 $i$ 代入净现值公式中,计算出一个现值,如果计算结果大于 0,则说明此次计算中折现率偏小,应加大,反之应减小;然后按上述原则,用两个折现率,求出一正一负两个净现值,为确保计算精度,要求这两个折现率相差不超过 5%;最后用内插公式计算近似的 *IRR* 解。

计算公式如下:

$$IRR = i_1 + \frac{NPV(i_1)}{NPV(i_1) + |NPV(i_2)|}(i_2 - i_1) \tag{3-21}$$

式中: $i_1$——所取的较低折现率;

$i_2$——所取的较高折现率；

$NPV(i_1)$——对应于 $i_1$ 时的净现值（正值）；

$NPV(i_2)$——对应于 $i_2$ 时的净现值（负值）。

**【例 3-15】** 有一投资项目，现金流量如表 3-9，试求其内部收益率。

表 3-9

| 年　末 | 0 | 1 | 2 | 3 | 4 | 5 |
|---|---|---|---|---|---|---|
| 现金流量 | -1000 | -800 | 500 | 500 | 500 | 1200 |

**解**：首先令 $i=12\%$ 得：

$$NPV(12\%)=-1000-800(P/F,12\%,1)+500(P/A,12\%,3)(P/F,12\%,1)+1200(P/F,12\%,5)=39>0$$

令 $i=15\%$ 得：

$$NPV(15\%)=-1000-800(P/F,15\%,1)+500(P/A,15\%,1)(P/F,12\%,1)+700(P/F,15\%,5)=-106<0$$

则 $IRR$ 必然在 12% ~15%之间，代入公式得：

$$IRR=12\%+39\times(15\%-12\%)/(39+106)=12.8\%$$

**3. 评价准则**

用内部收益率法判别项目的可行性，必须与基准收益率 $i_0$ 相对比。

对于单一方案：

当 $IRR \geqslant i_0$ 时，项目在经济上是可行的，可接受该项目。

当 $IRR<i_0$ 时，项目在经济上不可行，应拒绝该项目。

对多方案评价时，内部收益率要和净现值相结合，一般来说，当基准收益率确定，而项目的资金又充裕时，应以净现值法判别为准，NPV 越大，项目愈可行，而不是内部收益率愈大愈好，因为净现值法充分体现了投资者投资追求的最大目标是最大利润，但在多方案比选时，NPV 大的项目，并不一定 IRR 大。所以，只有当资金有限时，才采用内部收益率作为评价标准，内部收益率大的方案，资金的收益会大一些。内部收益率的最大特点是，不需要预先知道最小目标收益率的数值，就可进行计算，当某个方案未来的情况和利率不带有高度不确定性时，采用内部收益率法是评价项目经济效果的理想方法。

## 四、动态投资回收期法

在第二章介绍的投资回收期是一种静态计算方法，由于没有考虑资金的时间价值，所以存在很大的缺陷。众所周知，投资回收期反映了一项投资费用得到补偿和回收所需的时间，不考虑时间价值的静态计算，显然不能真实的反映投资所能补偿的时间，特别是一些投资大回收期长的公路工程项目。为克服静态投资回收期未考虑资金时间价值的缺点，可采用动态投资回收期指标（即在折现率 $i_0$ 下，累积折现值为零的年限，它表示了所有投资被回收的时间，也即累积折现值曲线与横轴（时间轴）交点），其表达式为：

$$\sum_{t=0}^{T_P}(CI_t-CO_t)(1+i_0)^{-t}=0 \tag{3-22}$$

式中：$T_P$——动态投资回收期。

$$T_P = 累积净现值出现正值的年份数 - 1 + \frac{上年累积折现值的绝对值}{当年净现金流量折现值} \tag{3-23}$$

一般情况下，投资回收期以年为单位，计算出来后要和标准的投资回收期相比较，作为评价方案的依据，动态投资期小于标准的投资回收期，则项目可行。作为多方案比选，这一指标越短越好，因为，在设计方案中，大多数数据来自预测，时间越长，不可预见的因素越多，准确性就越差，投资风险就越大，因此，很快就回收投资的方案风险最小，是较优的方案。

**【例 3-16】** 某项目有关数据如表 3-10 所示，基准折现率 $i_0 = 10\%$，标准的动态回收期为 $T_b = 8$，试计算动态回收期，并评价项目。

**动态投资回收期的计算**（单位：万元） 表 3-10

| 年份 / 项目 | 0 | 1 | 2 | 3 | 4 | 5 | 6 | 7 | 8 | 9 | 10 |
|---|---|---|---|---|---|---|---|---|---|---|---|
| 净现金流 | -20 | -500 | -100 | 150 | 250 | 250 | 250 | 250 | 250 | 250 | 250 |
| 折现系数 | | 0.9091 | 0.8264 | 0.7513 | 0.6830 | 0.6209 | 0.5645 | 0.5132 | 0.4665 | 0.4241 | 0.3855 |
| 折现值 | -20 | -454.6 | -83.6 | 112.7 | 170.8 | 155.2 | 141.1 | 128.3 | 116.6 | 106.0 | 9604 |
| 累计折现值 | -20 | -474.6 | -557.2 | -444.5 | -273.7 | -118.5 | 22.6 | 150.9 | 267.5 | 373.5 | 469.9 |

**解**：据公式(3-23)

得：$T_P = 6 - 1 + \dfrac{|-118.5|}{141.1} = 5.84$（年）

由于 $T_P < 8$ 年（$T_b$），故该项目通过了本指标的检验标准。

本指标除考虑了资金的价值外，它具有静态投资回收期的同样特征，通常只宜用于辅助性评价。

一般来讲，内部收益率比较直观，能直接反映项目投资的盈利能力，但项目在生产期有大量的追加投资时内部收益率方程有多个解，而使其失去意义；净现值只能表示项目投资的盈利能力超过、等于或达不到要求的水平，而该项目的盈利能力究竟比要求的高多少，则表示不出来；投资回收期直观简单，但其最大的缺点是没有反映投资回收期以后方案的收支情况，因而不能全面反映项目在整个寿命期内的真实经济效果，一般用于粗略评价。

## * 五、效益费用比法

效益费用比法是运用等值的原理，将项目的收益与支出分别换算成现值，计算二者的比值，进而判断该项目是否可行的一种投资决策方法。

效益费用比的计算公式是：

$$B/C = \frac{\sum_{t=0}^{n} B_t (1 + i_0)^{-t}}{\sum_{t=0}^{n} C_t (1 + i_0)^{-t}} \tag{3-24}$$

式中：$B_t$——第 $t$ 年的收益；

$C_t$——第 $t$ 年的费用。

对单一方案：一般情况下，在已知的最低希望收益率（$MIRR$），按照净现值法可知，考虑可取满足以下条件的方案：

$$净现值=收益现值-费用现值\geqslant 0$$

即 $\dfrac{收益现值}{费用现值}\geqslant 1$

由此得出下列判别准则：

$$效益费用比(B/C)=\frac{收益现值}{费用现值}\geqslant 1 \tag{3-25}$$

对多方案：用效益费用比（$B/C$）法作为计算的基础。其判别准则可见表3-11。

**多方案效益费用比法的评价准则** 表3-11

| 项目 | 情　况 | 准　则 |
|---|---|---|
| 相等投入 | 钱款或其他资源投入数量相等 | $B/C$值最大者优 |
| 相等产出 | 任务、收益或其他产出数量相等 | $B/C$值最大者优 |
| 投入和产出均不相等 | 既不是相等的钱款或其他投入，又不是相等的收益或其他产出 | 按根据两个方案间的差值，计算出增量收益费用比值（$\Delta B/\Delta C$）。如果$\Delta B/\Delta C\geqslant 1$，选择费用较高的方案，否则选择费用较低的方案。<br>有三个或更多个方案的情况时，用增量效益费用比分析法求解 |

**【例3-17】** 某企业正在考虑特定情况下选装两台设备中哪一种可以降低费用。两台设备的费用均为1000元，使用期为5年，无残值。估计设备A每年能节省300元，设备B第1年末可节省400元，但以后逐年要递减50元，即第2年末只能节省350元，到第3年末只能节约300元，以此类推。利率为7%，问应当购买哪一种设备？

**解**：设备A：

费用现值＝1000元

收益现值 $=300(P/A,7\%,5)=300\times 4.10=1230$（元）

$B/C=收益现值/费用现值=1230/1000=1.23$

设备B：

费用现值＝1000元

$$\begin{aligned}收益现值&=400(P/F,7\%,1)+350(P/F,7\%,2)+300(P/F,7\%,3)+250(P/F,7\%,4)\\&\quad+200(P/F,7\%,5)\\&=400\times 0.93+350\times 0.87+300\times 0.82+250\times 0.76+200\times 0.71=1255(元)\end{aligned}$$

$B/C=收益现值/费用现值=1255/1000=1.26$

选用效益费用比（$B/C$）最大的方案，即设备$B$。

## *六、增量分析法

在多项方案中，若只允许选择其中一个方案，则这些方案称为互斥方案。对互斥方案进行比选时，常用的评价指标为净现值、内部收益率、收益费用比和动态投资回收期。但是，在有些情况下，由上述评价指标会得出相互矛盾的结论，此时，方案比较的正确原则是，计算各方案之间增额投资的经济效果，这就是增量分析法。净现值、净年值、投资回收期、内部收益率等评价指标都可用于增量分析。

下面仅就增量净现值和增量内部收益率等方法的应用进一步讨论。

**1. 增量净现值($\Delta NPV$)**

所谓增量净现值(亦称差额净现值)是指在给定的基准折现率下,两方案在寿命期内各年净现金流量差额折现的累计值,或者说增量净现值等于两方案的净现值之差。

设 A、B 为投资额不等的两互斥方案,A 方案比 B 方案投资大,两方案的增量净现值可由下式求出:

$$\begin{aligned}\Delta NPV &= \sum_{t=0}^{n}[(CI_{tA}-CO_{tA})-(CI_{tB}-CO_{tB})](1+i_0)^{-t} \\ &= \sum_{t=0}^{n}(CI_{tA}-CO_{tA})(1+i_0)^{-t}-\sum_{t=0}^{n}(CI_{tB}-CO_{tB})(1+i_0)^{-t} \\ &= NPV_A - NPV_B \end{aligned} \tag{3-26}$$

式中: $\Delta NPV$——增量净现值;

$(CI_{tA}-CO_{tA})$——方案 $A$ 第 $t$ 年的净现金流量;

$(CI_{tB}-CO_{tB})$——方案 $B$ 第 $t$ 年的净现金流量;

$NPV_A$、$NPV_B$——分别为方案 A 与方案 B 的净现值。

用增量分析法进行互斥方案比选时,若 $\Delta NPV>0$,表明增量投资可以接受。投资(现值)大的方案较投资(现值)小的方案优;若 $\Delta NPV<0$,表明增量投资不可接受,投资(现值)小的方案较投资(现值)大的方案优。

值得注意的是,增量净现值指标,只能反映增量现金流量的经济性(相对经济效果),不能反映各方案自身的经济性(绝对经济效果)。故增量净现值只能用于方案间的比较(相对效果检验),不能仅根据 $\Delta NPV$ 的大小判断方案的取舍。

**【例 3-18】** 方案 A、B 是互斥的方案,其各年的现金流量如表 3-12 所示,用增量净现值指标对 A、B 互斥方案进行评价选择。

**互斥方案 A、B 的现金流量及经济效果指标**(单位:万元) 表 3-12

| 方案及年末 | 0 | 1~10 | *NPV* | *NAV* |
|---|---|---|---|---|
| A | -400 | 80 | 91.52 | 14.89 |
| B | -300 | 56 | 44.06 | 7.18 |
| 增量净现金流量 | -100 | 24 | 47.46 | 7.71 |

**解:**A、B 互斥方案的增量净现金流如表 3-12 所示。

$\Delta NPV_{A-B}=-100+24(P/A,10\%,10)=47.46$(万元)

或 $\Delta NPV_{A-B}=NPV_A-NPV_B=91.52-44.06=47.46$(万元)

同理,由于 $\Delta NPV_{A-B}>0$,∴ A 方案优于 B 方案。

显然,用增量分析法计算两方案的增量净现值进行互斥方案比选,与分别计算两方案的净现值最大准则进行互斥方案比选结论是一致的。因此,实际工作中应根据具体情况选择比较方便的比选方法。当有多个互斥方案时,直接用净现值最大准则选择最优方案比两两比较的增量分析更为简便。

**2. 增量内部收益率($\Delta IRR$)**

增量内部收益率(亦称差额内部收益率),简单地说是两方案增量净现值等于零时的折现值。差额内部收益率的计算表达式为:

$$\Delta NPV(\Delta IRR)=\sum_{t=0}^{n}(\Delta CI_t-\Delta CO_t)(1+\Delta IRR)^{-t}=0 \tag{3-27}$$

式中：$\Delta IRR$——差额内部收益率；

$\Delta CI_t$——方案 A 与方案 B 第 $t$ 年的增量现金流入，即 $\Delta CI_t = CI_{tA} - CI_{tB}$；

$\Delta CO_t$——方案 A 与方案 B 第 $t$ 年的增量现金流出，即 $\Delta CO_t = CO_{tA} + CO_{tB}$。

将式(3-27)变换，即

$$\sum_{t=0}^{n}(CI_{tA}-CO_{tA})(1+\Delta IRR)^{-t}=\sum_{t=0}^{n}(CI_{tB}-CO_{tB})(1+\Delta IRR)^{-t}$$

即 $NPV_A(\Delta IRR)=NPV_B(\Delta IRR)$ (3-28)

式中：$NPV_A$——方案 A 的净现值；

$NPV_B$——方案 B 的净现值。

因此，差额内部收益率的另一种解释是：使两个方案净现值（或净年值）相等时的折现率。

应该指出，采用差额内部收益率法比较和评选方案时，相比较的方案必须寿命期相等或具有相同的计算期。由于差额内部收益率法计算式是高次方程，不易直接求解，故仍采用与求内部收益率相同的方法，即线性内插法求解。

差额内部收益率法的判断准则：

计算求得的差额内部收益率 $\Delta IRR$ 与基准收益率 $i_0$ 相比较，当 $\Delta IRR > i_0$ 时，则投资大的方案为优；反之，当 $\Delta IRR < i_0$ 时，则投资小的方案为优。用差额内部收益率进行方案比较的情形如图 3-10 所示。

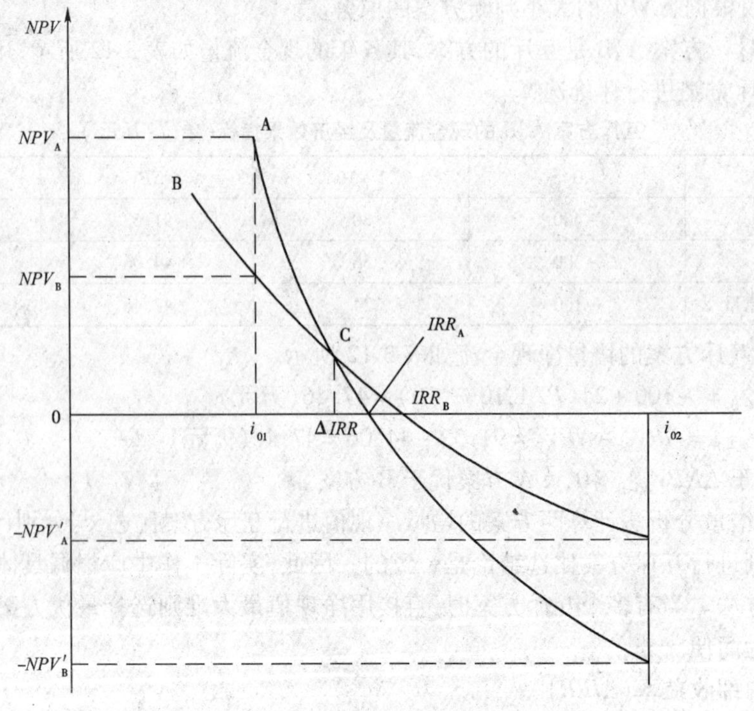


图 3-10　净现值、差额投资内部收益率和内部收益率间的关系

在图 3-10 中，C 点为两方案净现值函数曲线 A 与 B 的交点，在此点两个方案净现值相等。因此，根据差额内部收益率含义，C 点对应的折现率法和内部收益率应为两方案的差额内部收益率 $\Delta IRR$。由图显而易见，用净现值法、差额内部收益率法和内部收益率法评价和比较选择方案时有如下关系：

在图 3-10 中，当 $\Delta IRR > i_{01}$ 时，按照净现值法判别准则，净现值大的方案 A 为优；按照差额投资内部收益率法判别准则，投资大的方案 A 为优；按照内部收益率法判别准则，内部收益率大的方案 B 为优。由此可见，在 $\Delta IRR > i_{01}$ 的条件下，净现值法和差额内部收益率法评价结论是一致的，但是与内部收益率法评价结论相悖。所以，差额内部收益率法与内部收益率法结论不一致。因此可知，在方案评价中，仅按内部收益率法的判别准则比较和选择互斥的最优可行方案，有时不能保证结论的正确性。

在图 3-10 中，当 $\Delta IRR < i_{02}$ 时，按照差额内部收益率法判别准则，投资小的方案 B 为优；按照净现值法判别准则，净现值大的方案 B 为优；按照内部收益率法判别准则，内部收益率大的方案 B 为优。由此可见，在 $\Delta IRR < i_{02}$ 的条件下，净现值法、差额内部收益率法以及内部收益率法的评价比选结论是一致的。

所以，采用差额内部收益率法进行方案比较时，不论设定折现率为 $i_{01}$ 或 $i_{02}$，其评价和比较选择结论均与净现值法结论相同。在方案比较中，一般不直接采用内部收益率指标进行比较，而是采用净现值和差额投资内部收益率作为比较指标。

用差额内部收益率对多个互斥方案比较选优时，先按投资大小由小到大排列，然后再依次就相邻方案两两比较。计算出相比较的两个方案的差额内部收益率 $\Delta IRR$，若 $\Delta IRR > i_0$，则保留投资大的方案；若 $\Delta IRR < i_0$，则保留投资小的方案。被保留方案再与下一个相邻方案相比较，计算 $\Delta IRR$，取舍判据同前述，以此类推，直到比较完所有方案，选出最优方案。

还应当指出的是，$\Delta IRR$ 也只能反映增量现金流量的经济性（相对经济效果），不能反映各方案自身的经济性（绝对经济效果）。故差额内部收益率只能用于方案间的比较（相对效果试验）。不能仅根据 $\Delta IRR$ 数值的大小判定方案的取舍。所以用差额内部收益率对多方案进行评价和比选时，其前提是每个方案经评价后都是可行的，或者至少排在最前面的投资最少的方案是可行的，比较到最后所保留的方案一定是最优、可行方案。

**【例 3-19】** 设有两个互斥方案，其使用寿命相同，有关资料如表 3-13 所列，折现率 $i_0 =$ 15%。试用净现值和差额内部收益率法比较和选择最优可行方案。

**方案Ⅰ和Ⅱ的有关资料表**（单位：万元） 表 3-13

| 项目 / 方案 | 投资（$K$）（0 年末发生） | 年收入（$CI$） | 年支出（$CO$） | 净残值（$S_V$） | 使用寿命（年） |
|---|---|---|---|---|---|
| 方案Ⅰ | 5000 | 1600 | 400 | 200 | 10 |
| 方案Ⅱ | 6000 | 2000 | 600 | 0 | 10 |

**解：**（1）计算净现值，判断可行性

$NPV(\text{Ⅰ}) = -5000 + 1200(P/A,15\%,10) + 200\ (P/F,15\%,10)$

$= 1072$（万元）

$NPV(\text{Ⅱ}) = -6000 + 1400(P/A,15\%,10) = 1027$（万元）

因为 $NPV(\text{Ⅰ}) > NPV(\text{Ⅱ}) > 0$，所以两方案均可行，方案Ⅰ优于方案Ⅱ。

(2)计算差额投资内部收益率,比较和选择最优可行方案

$\Delta NPV=-1000+200(P/A,i,10)-200(P/F,i,10)$

设 $i_1=12\%$,则

$\Delta NPV(i_1)=-1000+200(P/A,12\%,10)-200(P/F,12\%,10)=66$(万元)

设 $i_2=14\%$,则

$\Delta NPV(i_2)=-1000+200(P/A,14\%,10)-200(P/F,14\%,10)=-10$(万元)

用线性内插法计算求得差额投资内部收益率为:

$\Delta IRR=i_1+\Delta NPV(i_1)/[\Delta NPV(i_1)+|\Delta NPV(i_2)|](i_2-i_1)$

$=12\%+66/(66+10)(14\%-12\%)=13.7\%$

因为 $\Delta IRR=13.7\%<i_0=15\%$. 所以投资小的方案Ⅰ为优,此结果与净现值法评价结果一致。

差额内部收益率也可用于仅有费用现金流量的互斥方案比选。比选结论与费用现值法和费用年值法一致。在这种情况下,实际上是把增量投资所导致的对其他费用的节约看成是增量收益。计算仅有费用现金流量的互斥方案的差额内部收益率的方程,可以按两方案费用现值相等或增量费用现金流现值之和等于零的方式建立。

**【例3-20】** 某两个能满足相同需要的互斥方案A与B的费用现金流如表3-14所示,试用差额内部收益率在两个方案之间做出选择($i_0=10\%$)。

**方案A、B的费用现金流**(单位:万元) 表3-14

| 方案 \ 类目 | 投资 | 其他费用支出 |
|---|---|---|
| | 0年 | 1~15年 |
| A | 100 | 11.68 |
| B | 150 | 6.55 |
| 增量费用现金流(B-A) | 50 | -5.13 |

**解:**根据表3-14最末一行的增量费用现金流列出求解 $\Delta IRR$ 的方程

$$50-5.13(P/A,\Delta IRR,15)=0$$

解得 $\Delta IRR=6\%<\Delta IRR<i_0=10\%$,故可判定投资小的方案A优于投资大的方案B。

## ●*第四节　寿命不同的方案比选●

第三节当中讲述的方案选择都是假定各方案的投资寿命期(服务年限)完全相同的情况进行的,这样,评价各方案的经济效果在时间上具有可比性。但是,现实中很多方案的寿命期往往是不同的。例如,在修建各条公路时,要比较寿命期不同的方案优劣,当各方案的寿命不等时,要采用合理的评价指标或办法,使之具有时间上的可比性。就评价的基本原则而言,寿命不等的互斥方案经济效果评价与寿命相等的互斥方案经济效果评价一样,通常都应进行各方案的绝对效果检验与方案间的相对效果检验(仅有费用现金流量的互斥方案只进行相对效果检验)。方案绝对效果检验的方法前面已经叙述过,下面主要讨论寿命不等互斥方案相对效果的检验(方案比较选择)。本节主要介绍最小公倍数法、年值法、研究期法三种寿命不同的方案的比选方法。

## 一、最小公倍数法(方案重复法)

最小公倍数法是以不同方案使用寿命的最小公倍数作为共同的计算期,并假定每一方案在这一期间内反复实施,以满足不变的需求,据此算出计算期内各方案的净现值(或费用现值),净现值较大(或费用现值最小)的为最佳方案。

设第 $i$ 个方案在自身寿命周期($n_i$)内的净现值为 $NPV_i$,各方案寿命的最小公倍数为 $N$,基准折现率为 $i_0$,则第 $i$ 个方案在 $N$ 时间内的净现值 $NPV$ 与自身寿命周期的净现值 $NPV_i^N$ 的关系为:

$$NPV_i^N = NPV_i[1+(1+i_0)^{-n_i}+(1+i_0)^{-2n_i}+\cdots+(1+i_0)^{-mn_i}]$$
$$= NPV_i\sum(1+i_0)^{-tn_i} \qquad (3\text{-}29)$$

式中 $m$ 是方案 $i$ 在 $N$ 时间内的重复次数。

**【例3-21】** A、B两个互斥方案各年的现金流量如表3-15所示,基准收益率 $i_0=10\%$,试进行方案比选。

**寿命不等的互斥方案的现金流量**(单位:万元) 表3-15

| 方案 | 投资 | 年净现金流量 | 残值 | 寿命(年) |
|---|---|---|---|---|
| A | -10 | 3 | 1.5 | 6 |
| B | -15 | 4 | 2 | 9 |

**解:**以A与B方案寿命的最小公倍数18年为计算期,A方案重复实施3次,B方案2次。则方案在计算期内的净现值为:

$$NPV_A = -10[1+(P/F,10\%,6)+(P/F,10\%,12)]+3(P/A,10\%,18)+1.5[(P/F,10\%,6)+(P/F,10\%,12)+(P/F,10\%,18)]$$
$$=7.37(万元)$$

$$NPV_B = -15[1+(P/F,10\%,9)]+4(P/A,10\%,18)+2[(P/F,10\%,9)+(P/F,10\%,18)]$$
$$=12.67(万元)$$

因为 $NPV_B > NPV_A > 0$,故B方案较优。

这种方法适合于被比较方案寿命的最小公倍数较小,且各方案在重复过程中现金流量不会发生太大变化的情况,否则就可能得出不正确的结论。因此采用这种方法的关键是对各方案在重复过程中的现金流量作出比较合理的估计和预测,力求评价的正确性。

## 二、年 值 法

用年值法进行寿命不同的互斥方案比选,实际上隐含着这样一种假定:各备选一方案在其寿命结束时均可按原方案重复实施无限次,因为一个方案无论重复实施多少次,其年值是不变的,在这一假定前提下,年值法以"年"为时间单位比较各方案的经济效果,从而使寿命不同的互斥方案间具有可比性。当被比较方案投资在先,且以后各年现金流量相同时,采用年值法最为简便。

**1. 净年值法**

对寿命不等的互斥方案进行比较选择时,净年值法是最为简便的方法。

设 $m$ 个互斥方案寿命期分别为 $N_j(j=1,2,\cdots,m)$ 的方案在其寿命期内的净年值为:

$$NAV_j = NPV_j(A/P,i_0,n_j)$$

$$=\sum_{t=0}^{n}(CI_j-CO_j)_t(P/F,i_0,t)\ (A/P,i_0,n_j) \tag{3-30}$$

用净年值指标进行多方案的比选时,可按下面的步骤进行:

(1)计算各待选方案的净年值,淘汰净年值小于零的方案;

(2)余下的方案中,净年值越大,表明方案的经济效益越好。

对[例3-21],用净年值法进行比选。

A、B两方案的净年值分别是:

$NAV_A=-10(A/P,10\%,6)+3+1.5(A/F,10\%,6)=1.352$(万元)

$NAV_B=-15(A/P,10\%,9)+4+2(A/F,10\%,9)=1.542$(万元)

因为 $NAV_B>NAV_A$,故B方案较优,同最小公倍数法所得结论一致。

**2. 费用年值法**

用费用年值指标进行多方案的比选时,费用年值越小,表明方案在经济上愈可行。

**【例3-22】** 互斥方案A、B具有相同的产出,方案A寿命期 $n=10$ 年,方案B寿命期 $n=15$ 年。两方案的费用现金流如表3-16所示,试选优($i=10\%$)。

**方案A、B的费用现金流量**(单位:万元) 表3-16

| 年　份 | 0 | 1 | 2~10 | 11~15 |
|---|---|---|---|---|
| 类　目 | 投　资 | | 经 营 费 用 | |
| 方案A | 100 | 100 | 60 | — |
| 方案B | 100 | 140 | 40 | 40 |

**解**:$AC_A=[100+100(P/F,10\%,1)+60(P/A,10\%,9)(P/F,10\%,1)](A/P,10\%,10)$

$\approx 82.2$(万元)

$AC_B=[100+140(P/F,10\%,1)+40(P/A,10\%,14)(P/F,10\%,1)](A/P,10\%,15)$

$\approx 65.1$(万元)

由于 $AC_B<AC_A$,故选B方案优于A方案。

## 三、研究期法

上述研究期法和净年值法,实质都是以延长投资方案寿命期来达到可比性要求的,一般被认为是合理可行的,但在实际投资项目中,上述重复假设往往不尽合理。像储量有限且不可再生的资源开采问题;遭无形磨损设备的更新换代问题,这些方案在各自寿命期末不可能重复,对这类寿命不同的互斥方案的评价,需要按实际需要确定一个适宜的分析研究期。显然,以各投资方案中寿命期最短者为分析研究期计算最为简便,而且完全可以避免方案重复假设,但对于寿命较长的投资方案来说,便会遇到研究期末投资方案终端价值的估算与处理的问题,以下着重讨论此问题。

设某投资方案初始投资为 $P$,寿命为 $n$,各年的净现金流量为 $NB_t(t=1,2,\cdots,n)$,基准折现率为 $i_0$,研究期为 $n^*$,且 $n^*\leqslant n$,研究期末终端价值为 $F_n^*$;则投资方案在研究期内的净现值为 $NPV_n^*$,则有:

$$NPV_n^*=-P+\sum_{t=1}^{n^*}NB_t(1+i_0)^{-t}+F_{n^*}(1+i_0)^{-n^*} \tag{3-31}$$

可见,投资方案在研究期内的净现值计算的关键是研究期末终端价值 $F_n^*$ 的估算与处理。

一般可以采用以下几种处理方法：

**方法一：**将研究期终端($n^*+1$)年到寿命期末($n$)年各年净现金流现值和(以第$n^*$年末为评估点)作为$F_n^*$。

即 $$F_n^*=\sum_{t=1}^{n-n^*}NB_t(1+i_0)^{-t} \tag{3-32}$$

将式(3-32)代入式(3-31)有：

$$\begin{aligned}NPV_n^*&=-P+\sum_{t=1}^{n^*}NB_t(1+i_0)^{-t}+(Hi_0)^{-n^*}\sum_{t=1}^{n-n^*}NB_t(1+i_0)^{-t}\\&=-P+\sum_{t=1}^{n^*}NB_t(1+i_0)^{-t}+\sum_{t=n^*+1}^{n}NB_t(1+i_0)^{-t}\\&=-P+\sum_{t=1}^{n}NB_t(1+i_0)^{-t}\\&=NPV_n\end{aligned} \tag{3-33}$$

式中：$NPV$即为投资方案在其寿命期内的净现值。

式(3-33)表明，用这种方法得到的投资方案在研究期内的净现值就是它在其寿命期内的净现值。该方法估算投资方案在研究期末终端价值的依据是资产评估中的收益现值法。不难证明，此方法评价结果偏向于寿命期较长的方案，有时可能导致评价结论的不正确，应慎重使用。

**方法二：**将投资方案未使用价值作为研究期末终端价值。

(1)静态方法： $$F_n^*=P-\frac{P}{n}\cdot n^*=P(1-n^*/n) \tag{3-34}$$

(2)动态方法： $$F_n^*=P(A/P,i_0,n)(P/A,i_0,n-n^*) \tag{3-35}$$

这种方法的依据中用投资方案在研究期末固定资产的净值作为研究期末终端价值，静态方法与动态方法的区别是前者未考虑资金的时间价值，后者考虑了资金的时间价值，所以动态方法更为科学合理。

**方法三：**在经济寿命条件下，研究期末投资方案终端价值的估算。

投资方案或设备的经济寿命是指其年均费用最小或年净收益最大的使用年限。遵循经济寿命的基本含义，可从经济寿命的概念出发，来推导投资方案在研究期末终端价值计算公式。

设某投资方案初始投资为$P$，经济寿命为$n$，残值为$L_n$，各年的运行费用为$C$，则投资方案以$n$为经济寿命期的年等值费用为$AC_n$

$$AC_n=P(A/P,i_0,n)-L_n(A/F,i_0,n)+C$$

而投资方案在研究期($n^*$)内的年等值费用为$AC_n^*$

$$AC_n^*=P(A/P,i_0,n^*)-F_n^*(A/F,i_0,n^*)+C$$

$F_n^*$作为投资方案残值($L_n$)在研究期末的转移价值，代表方案在($n-n^*$)期间的经济价值与研究期末$n^*$经济联系，在数值上，它应等于使$AC_n^*=AC_n$成立的资金值，由此令$AC_n^*=AC_n$便可求得$F_n^*$，即

$$F_n^*=[P(A/P,i_0,n^*)-P(A/P,i_0,n)+L_n(A/F,i_0,n)]/(A/F,i_0,n^*) \tag{3-36}$$

不难证明，这种方法估算的研究期末投资方案终端价值，往往大于用方法二估算的数值。

用这种方法进行寿命不同投资方案比较优选符合经济学的基本原理，因而是合理的、正确的。

【例 3-23】 有两种功能相同的设备，A 设备价值 10000 元，年运行费为 3000 元，寿命 4 年；B 设备价值 30000 元，年运行费为 800 元，寿命为 8 年。两种设备残值正好抵消成本，当 $i_0=10\%$ 时，应选用哪台设备？

**方法一：**利用最小公倍数法，计算两设备费用现值。

设两方案在 8 年内的费用现值分别为 $PC_A^8$、$PC_B^8$

则 $PC_A^8=[10000+3000(P/A,10\%,4)]\cdot\sum(1+10\%)^{-4t}$

$=32835$(元)

$PC_B^8=3000+800(P/A,10\%,8)=34607$(元)

$\because\ PC_A^8<PC_B^8\quad\therefore$ A 设备较优

**方法二：**利用年值法，计算两设备费用年值 $AC_A$、$AC_B$。

$AC_A=10000(A/P,10\%,4)+3000=6155$(元)

$AC_B=30000(A/P,10\%,8)+800=6422$(元)

$\because\ AC_A<AC_B\quad\therefore$ A 设备较优

**方法三：**利用研究期法，设研究期为 4 年。

(1)将设备未使用价值作为研究期末终端价值，由公式(3-35)得 B 设备第 4 年末终端价值为

$F_4(B)=30000(A/P,10\%,8)(P/A,10\%,4)=17822$(元)

由公式(3-34)得

$PC_B^4=30000+800(P/A,10\%,4)-17822(P/F,10\%,4)=20364$(元)

而 $PC_A^4=19510$(元)

(2)利用设备经济寿命计算设备 B 在研究期末终端价值，由公式(3-36)得

$F_4(B)=[30000(A/P,10\%,4)-30000(A/P,10\%,8)]/(A/F,10\%,4)$

$=17825$(元)

由公式(3-34)得

$PC_B^4=30000+800(P/A,10\%,4)-17825(P/F,10\%,4)=20360$(元)

而 $PC_A^4=10509$(元)

$\because\ PC_A^4<PC_B^4\quad\therefore$ A 设备较优

## 本 章 小 结

在本章前两节主要讲授了资金的价值随时间变化而变化的资金运动规律，资金时间价值的体现之一就是利息。利息的计算有单利和复利之分，本章要求重点掌握一定利率下，按复利法进行等值计算。

在后两节中介绍了动态经济分析法和不同寿命的方案比选方法。在动态分析中，主要讲了现值法、年值法、内部收益率法、动态投资回收期法、效益费用比法和增量分析法 6 种。在独立方案中净现值、净年值和内部收益率指标来评价项目的可行性，结论是一致的。在互斥方案中，净现值最大准则、净年值最大准则、费用年值和费用现值最小准则是正确的判断准则，互斥方案比较中，一般不直接采用内部收益率进行比较，增量分析法、年值法、效益费用比法只适合于互斥方案的优劣次序排队不能决定方案的取舍。

对寿命不等的互斥方案的比较可以采用最小公倍数法、年值法和研究期法进行分析。

## 复习思考题

1. 为什么要研究资金的时间价值?

2. 若已知 $P=10000$ 元, $i=6\%$, 4 年后的未来值 $F$ 为多少? 用单利法和复利法分别计算。

3. 当年利率为5%时,希望8年后每年年末收入现金154.7元,现在应投资多少?

4. 假定利率为5%,需要多少年可使1000元变成2000元?

5. 有一笔资金为1000元,年利率为12%,计息周期为半年,1年后的本利和为多少?

6. 某人购买了一辆汽车,估计今后5年内的维修费如题表3-1,问他现在应储足多少钱才够支付5年内的汽车维修费? 设利率为5%。

题表3-1

| 年 | 1 | 2 | 3 | 4 | 5 |
|---|---|---|---|---|---|
| 维修费(元) | 120 | 150 | 180 | 210 | 240 |

7. 定义等值的概念。

8. 存入5000元,以8%的复利计算,在10年内每年末可支取多少元?

9. 若 $P$ 位于1年末,A位于每年初,复利利率为 $i$,画现金流量图并写出 $P$ 的表达式。

10. 若 $P$ 位于1年末,A位于每年末,复利利率为 $i$,写出 $P$ 的表达式。

11. 证明下列恒等式:

(1) $(P/A,i,n)-(P/F,i,n)=(P/A,i,n-1)$;

(2) $(A/P,i,n)-i=(A/F,i,n)$;

(3) $(F/A,i,n)+(F/A,i,n)=(F/A,i,n+1)$。

12. 求年实际利率:

(1)名义利率为18%,半年计息一次;

(2)名义利率为18%,每月计息一次。

13. 现金流量图如题图3-1所示,求与该现金流量等值的零期的现值和等额年值,复利利率为8%。

14. 求与题图3-2现金流量等值的终值 $F$,设复利利率为10%。

15. 某城市修建跨某河的大桥,有南北两处可以选择桥址。南桥方案是通过河面最宽的地方,桥头连接两座小山,且须跨越铁道和公路,所以要建吊桥。其投资为2500万元,建桥购地120万元,年维护费2万元,水泥桥面每10年翻修一次4万元;北桥方案跨度较小,建桁架桥即可,但需补修附近道路,预计共需投资1500万元,年维修费1万元,该桥每3年粉刷一次需1.5万元,每10年喷砂整修一次,需5万元,购地用款1000万元,若利率为8%,试比较两方案哪个优越。

16. 两种施工设备投资收益如题表3-2所示,利率为8%,用效益费用比分析法比选A、B方案。

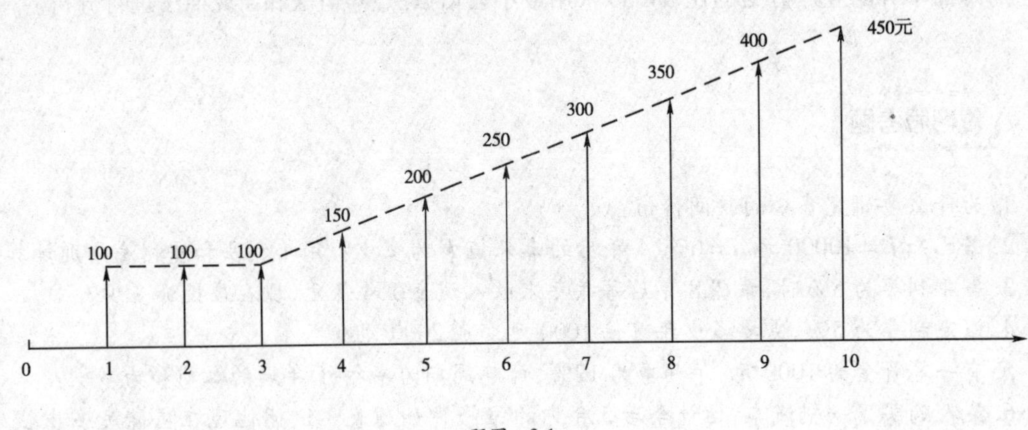


题图 3-1

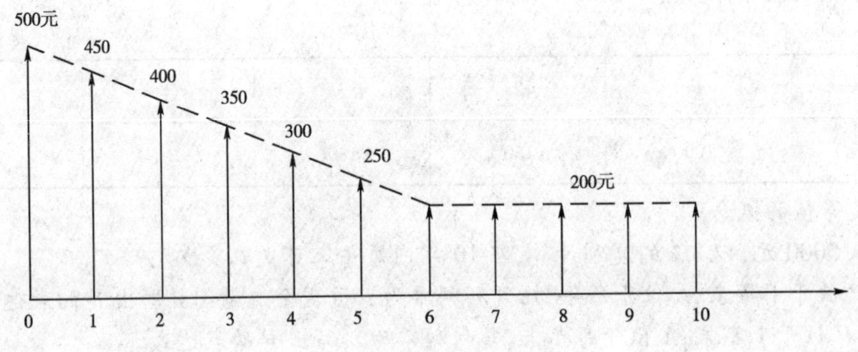


题图 3-2

单位:元　　题表 3-2

| 年 | 0 | 1 | 2 | 3 | 4 | 5 | 6 | 7 | 8 |
|---|---|---|---|---|---|---|---|---|---|
| 方案 A | -2000 | 1000 | 850 | 700 | 550 | 400 | 400 | 400 | 400 |
| 方案 B | -1500 | 700 | 300 | 300 | 300 | 300 | 400 | 500 | 600 |

17. 设有两种可供选择的挖掘机方案Ⅰ、Ⅱ,均能满足同样的工作需求,其有关资料如题表 3-3 所列,设收益率为 15%,试评价和选择最优方案。

单位:万元　　题表 3-3

| 方　　案 | 投资(寿命期初投入) | 年经营费用 | 净残值 | 使用寿命(年) |
|---|---|---|---|---|
| 方案Ⅰ | 3000 | 2000 | 500 | 3 |
| 方案Ⅱ | 4000 | 1600 | 0 | 5 |

18. 某施工单位有两个方案可取得相同效能的施工机械,一是自购方案。购置一台需用 3 年的机械,其售价为 7.7662 万元,3 年后的残值为 2.5 万元。二是租用方案,租用相同效能的机械每年的租赁费是 2.5 万元,如果基准收益率为 20%,问:应当自购还是租用?

19. 某工程项目初期投资为 30 万元,运营后年收入为 100 万元,年折旧费为 20 万元,计算期为 6 年,年经营成本为 50 万元,所得税税率为 50%,不考虑残值,基准收益率为 10%,试计算该项目的内部收益率。

20. 有 A、B、C 3 个方案(不相关方案),各方案的投资、年净收益和寿命期如题表 3-4 所示。预先的计算表明,各方案的 *IRR* 均大于基准收益率 15%。问应该怎样选择方案?

题表 3-4

| 方　　案 | 投资(生产期初) | 年净收益 | 寿命期(年) |
|---|---|---|---|
| A | 12000 | 4300 | 5 |
| B | 10000 | 4200 | 5 |
| C | 17000 | 5800 | 10 |

# 第四章

# 公路工程项目的效益费用分析

**教学要求**

1. 描述国民经济评价与财务评价的概念、区别；
2. 说明国民经济评价与财务评价在公路工程中的作用；
3. 说明国民经济评价与财务评价的评价指标及评价标准；
4. 说明国民经济评价理论；
5. 分析公路工程建设项目经济费用与经济效益的确定方法。

## • 第一节　公路工程项目的国民经济评价与财务评价 •

公路工程项目的经济评价工作，就是根据国家经济发展规划和有关技术经济政策的要求，结合交通量预测和工程技术研究情况，计算项目的投入（费用）与产出（效益），通过多种经济指标的分析比较，对拟建项目的经济合理性和财务可行性做出评价，为项目决策和建设方案的比选提供科学依据。

建设项目经济评价是项目可行性研究的有机组成部分和重要内容，通常分为国民经济评价和财务评价。

### 一、基本概念

国民经济评价又叫效益费用分析或宏观经济分析，它是将建设项目置于国民经济大系统中，从国家和社会的角度出发来分析建设项目的国民经济特征，通过比较拟建项目建设中所消耗的价值以及该项目建成后所造成的国民经济效益来计算该项目的经济效果，评价该项目的经济可行性。公路工程项目的国民经济评价是指应用国民经济评价的基础理论，结合公路工程项目的经济特征来对其进行效益费用分析的过程。

进行公路项目国民经济评价的最终目的是使短期和长期的资源最优配置得到实现。从国民经济的宏观管理来看，国民经济评价可以使社会的有效资源得到最优的利用，发挥资源最大效益，促进经济的稳定发展。

财务评价是根据国家现行财税制度和价格体系，分析计算项目的财务效益和费用，编制财务报表，计算财务评价指标，考察项目的盈利能力、清偿能力等财务状况，以判别项目财务可行性。在财务评价中，所考察的是项目清偿能力和盈利能力，追求的是企业盈利最大，考察的对象是项目本身的直接效益和直接费用。由于评价范围较窄，故称为微观评价或微观经济分析。

对中外合资道路建设项目、世界银行贷款道路建设项目以及其他必须偿还建设投资的公路建设项目,都必须做财务评价。

加强公路工程项目的财务评价具有如下作用:

(1)有利于改善公路投资结构,多渠道筹集资金,刺激社会资金在公路建设上的投入,加强公路建设资金的综合利用,加快公路建设事业的发展,加速公路建设资金市场的形成。

(2)有利于合理利用公路建设资金,将有限的公路建设资金投入到财务效果最好的公路工程项目,加速公路建设资金的周转,提高公路建设资金的使用效益。

(3)有利于加强收费管理和监督,防止各地滥收费用的现象。

财务评价与国民经济评价既有区别又有联系。其区别主要如下:

(1)财务评价与国民经济评价的立场与角度不同。财务评价从投资者的立场和角度来考察建设项目的经济效果;而国民经济评价则从全社会公路使用者的角度(即国家和社会的角度)来考察建设项目的经济效果。

(2)投入的计算内容和方法不同。财务评价所考察的投入是投资者的财务支出,而国民经济评价所考察的投入是公路工程项目所消耗的各种费用。在计算过程中,项目的财务建设投资是在投资估算的基础上剔除工程造价增涨预留费后计算出来的,而项目经济建设费用则是按照机会成本来计算建设项目所消耗的各种资源的价值的,在计算中应在投资估算的基础上按照影子价格计算建设项目所消耗的各种资源的价值,并剔除估算中的利润、税金、贷款利息、工程造价增涨预留费、供电贴费等费用。

(3)产出的计算内容与方法不同。财务评价中的产出是投资者的财务收益,而国民经济评价所考察的产出是公路工程项目能为公路使用者带来的效益。

(4)采用的价格不同。财务评价采用的价格是市场(不变)价格;而国民经济评价采用的价格是影子价格。

(5)主要参数不同。财务评价所使用的参数有官方汇率、行业贴现率、行业基准回收期;而国民经济评价采用的参数为影子汇率、社会贴现率及国民经济评价基准回收期。

当然,财务评价与国民经济评价也有很多相同的地方,如财务评价和国民经济评价的指标与方法相同,采用的计算期相同,财务评价和国民经济评价指标中采用的价格都应剔除通货膨胀因素等。

对于同一个项目,两种评价的结果可能不同。当财务评价认为不可行,而国民经济评价认为可行时,由于财务评价反映的是项目实施者的效益,若想使项目具有一定的生存能力,必须采用诸如减少税金、关税或给予一定的政策性补贴等经济政策,使财务评价成为可行。反之,财务评价认为可行,而国民经济评价认为不可行时,此项目应该否定,否则将产生不利于国民经济发展的情况。

## 二、评价模型

### 1. 公路工程项目的国民经济评价模型

公路工程项目国民经济评价的模型可用图 4-1 表示:

在图 4-1 所示的现金流量模型中,各种符号的含义分别如下:

①年度建设费用。分别用符号 $C_0, C_1, \cdots C_M$ 表示。它是指公路工程项目在建设中所消耗

的各种资源的价值。对收费公路而言还包括各种收费设施建设中所消耗的资源的价值。

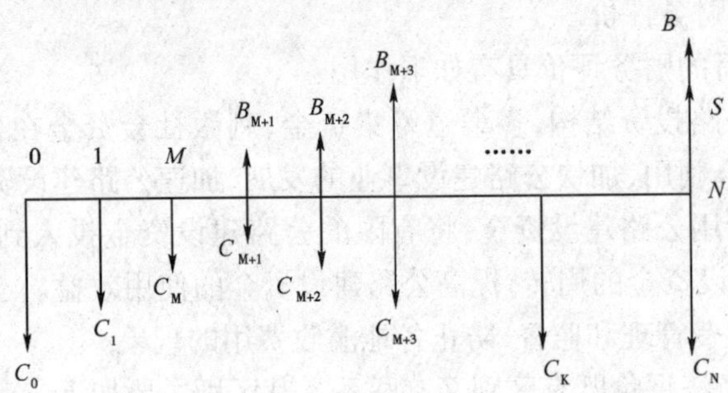


图 4-1 公路工程项目国民经济评价现金流量图

②年度营运费用。分别用符号 $C_{M+1}, C_{M+2}, \cdots C_N$ 表示。它指公路工程项目在竣工后使用过程中为公路工程项目营运中的维护和管理所消耗的各种资源的价值。对收费公路而言还应包括收费管理中所消耗的各种资源的价值以及为维护收费设施所消耗的各种资源的价值。

③年度效益。分别用符号 $B_{M+1}, B_{M+2}, \cdots B_N$ 表示。它指公路工程项目在营运中创造的国民经济效益。

④大修理费用。用符号 $C_K$ 表示。即公路工程项目在大修期间所消耗的各种资源的价值。

⑤评价年限。用符号 $N$ 表示。根据《公路工程项目经济评价办法》,其评价年限按投入使用后 20 年考虑。

⑥项目建设期。用符号 $M$ 表示,其建设时间需在公路可行性研究中确定。

⑦评价期末的残值。用符号 $S$ 表示。根据《公路工程项目经济评价办法》,评价期末的残值按项目建设费用的 50% 考虑。

**2. 财务评价模型**

财务评价基本模型的现金流量图与图 4-1 相同,只是各符号的含义不一样。

①年度投资。它是指公路工程项目在建设过程中的各种财务支出,包括建筑安装工程费、设备工具器具购置费以及工程建设中的其他费用和预留费,对收费公路而言,还应包括收费系统和各种收费设施的建设费。全部建设投资可按《公路建设工程投资估算编制办法》的规定来进行计算,但应剔除或部分剔除估算中的“工程造价增涨预留费”,因为财务评价中的所有价格都不考虑通货膨胀因素。

②年度营运费。系指公路营运中所应开支的公路养护费、交通管理费、收费人员开支、收费系统及收费设施维护费以及税费等开支。其费用是以市场(不变)价格为基础估算出来的,估算方法可采用类比法。

③年度收入。年度收入应包括车辆通行费、养路费、车船使用税、车辆购置附加费、客运附加费等各种收入。其计算方法如下:

$$\text{年车辆通行费收入} = \text{年交通量} \times \text{每车车辆通行费收费标准}$$

$$\text{年养路费收入} = \frac{\text{年交通量} \times \text{新建项目长度} \times \text{每车年养路费征收额}}{\text{每车年平均行驶里程}}$$

$$\text{年车船使用税收入} = \frac{\text{年交通量} \times \text{新建项目长度} \times \text{每车年车船使用税征收额}}{\text{每车年平均行驶里程}}$$

$$年车辆购置附加费收入 = \frac{年交通量 \times 新建项目长度 \times 每车交纳的车辆购置附加费}{汽车在其寿命期内的平均行驶里程}$$

$$年客运附加费收入 = 年客运周转量 \times 客运附加费收费标准$$

为了提高上述方法的计算精度,实际工作中可分不同车型进行计算。当汽车交纳的养路费改革为燃油税后,公路工程项目的年养路费收入计算公式为:

$$年养路费收入 = 年交通量 \times 每车公里平均燃油消耗量 \times 新建项目长度 \times 燃油价 \times \frac{r}{1+r}$$

式中:$r$——燃油税税率。

④大修理费:按市场(不变)价格进行大修理费投资估算。

⑤项目评价年限:按项目竣工投入使用后20年考虑,对收费公路以及BOT项目应按允许的收费时间来考虑。

⑥项目评价期末的残值:按项目建设投资的50%考虑,对BOT项目,由于特许经营期结束后该项目要无偿交还给国家,因此财务评价中项目的残值按0考虑。

根据财务评价基本模型得出的计算指标,性质上类似于工业建设项目的投资利税率指标。

## 三、评价指标与标准

### 1. 公路工程项目的国民经济评价指标与评价标准

公路工程项目的国民经济评价指标包括经济净现值、经济效益费用比、经济内部收益率、经济投资回收期。4个指标的计算方法在第三章中已作了详细讲解,这里仅就其在国民经济评价中的应用作一简要介绍。

1)经济净现值(ENPV)

经济净现值是用社会经济贴现率将项目计算期内各年的净效益折算到建设期初的现值之和。

当计算结果大于零时,表示在国家规定的社会经济贴现率条件下,项目可以得到超额经济效益,项目是可行的。当计算结果等于零时,说明项目占用投资正好满足社会经济折现率的要求,项目也是可行的。而当计算结果小于零时,说明项目达不到在社会经济贴现率条件下为社会作出贡献的要求,因而项目是不可行的。

2)经济效益费用比(EBCR)

经济效益费用比的基本原理是根据货币时间价值规律,按同一时间和同一折现率计算出项目各年的费用现值和效益现值总和,然后进行比较,如果效益成本比大于1,则该项目按其所用社会经济贴现率的获利水平来衡量是合格的。相反,如果效益成本比小于1,则项目是不合格的,这里社会经济折现率是检验项目可行与否的尺度。

3)经济内部收益率(EIRR)法

经济内部收益率是使公路项目经济净现值为零时的贴现率。它是4个经济指标中最被常用,也是最重要的一个。

经济内部收益率是一个相对指标,表示项目投资对国民经济的贡献能力。当它大于或等于社会经济贴现率时,项目是可行的,而小于社会经济贴现率时则是不可行的。

前面介绍的效益成本比和净现值两个指标,都是在基于社会经济贴现率标准的基础上计算的。它可以判断某个公路项目是合格或不合格,可行还是不可行,达到标准、超过标准或是不够标准。而经济内部收益率则不同,它是试探项目获利水平高低的尺度,它可以检验一个公路项目究竟能达到多高的收益水平。而效益成本比和净现值却不能告诉一个项目可能达到的最高获利水平。如果想既要知道项目是否可行,又想从选定项目或方案中直接比较获益能力最高的项目,经济内部收益率是一种比较理想的方法。

经济内部收益率的不足在于,它是一个相对比率,不能反映项目的效益现值总额,也不能反映成本与效益之间的差异。

4)经济投资回收期(EN)法

经济投资回收期是反映项目对投入资源清偿能力的重要指标,它的经济含义是通过项目的净收益来回收总投资所需要的时间。计算回收期有静态和动态两种方法。静态计算不考虑货币的时间价值。动态计算则需要将项目的成本和收益按社会经济贴现率折算到同一时间点上计算现值,然后再计算其经济投资回收期,将计算出的投资回收期与部门或行业的基准投资回收期进行比较,经济投资回收期小于基准投资回收期的项目是可行的。

静态投资回收期作为评价指标,在国际上已使用了几十年,它的主要优点是容易理解,计算方便;主要缺点是没有考虑货币的时间价值。动态投资回收期优点是考虑了货币的时间价值,能真正反映资金的回收时间;缺点是计算比较麻烦。但两种评价方法都有一个共同的缺点,就是忽视了对项目的总收益和获利能力的分析。

公路项目经济投资回收期一般都按动态计算。

上述4个评价指标各有长处与不足。经济效益成本比、经济净现值虽然可以对不同备选项目进行比较,确定最佳方案,但社会经济济贴现率的选定却有一定的主观因素,而它恰恰又是这两种方法的关键,是影响评估结果的最敏感的因素。这个缺点,可以用经济内部收益率来弥补,在应用经济内部收益率这个指标时,对计算时采用什么贴现率已不再是关键的因素。但是,经济内部收益率也有它自身的不足,因为它是一个比率,如果单凭这个指标取舍项目,就可能丢掉一些经济内部收益率虽然较低但经济净现值很高的项目投资机会。由于我国建设资金缺乏,因而十分重视资金的回收能力,投资回收期比较直观,容易理解。但这个指标却不能反映项目在计算期内的总收益和获利能力,如果仅采用投资回收期指标评价项目,就有可能只注重回收时间而淘汰了效益最高的方案,导致错误结论。总之,在评价公路工程项目时,为了扬长避短,应当同时采用4个指标对项目进行比较与分析,这样才能全面综合地反映项目的优劣,找出最佳的方案,达到科学、客观与公正。并且应该注意,在进行方案比较的过程中常采用这几种方法的增量分析法。

**2. 财务评价指标与评价标准**

财务分析指标可分为反映盈利能力的指标、反映清偿能力的指标和反映外汇平衡能力的指标。

1)反映盈利能力的指标

(1)静态评价指标

静态评价指标是指在计算时不考虑货币时间价值因素影响的指标,主要有以下几种:

①投资利润率

$$\text{投资利润率} = \frac{\text{年利润总额}}{\text{总投资}} \times 100\% \tag{4-1}$$

式中的年利润总额应选择生产期的平均年利润总额或项目达到设计生产能力后的一个正

常生产年份的年利润总额。总投资为建设投资、建设期利息和流动资金之和。

计算出的投资利润率要与行业规定的标准投资利润率或行业的平均投资利润率进行比较，若大于或等于标准投资利润率或行业平均投资利润率则项目可行，否则项目不可行。

②投资利税率

$$投资利税率=\frac{年利税总额}{总投资}\times 100\% \tag{4-2}$$

式中年利税总额为项目的年利润总额、销售税金及附加之和，也可选择生产期平均的年利润总额与销售税金及附加之和。

将计算出的投资利税率要与行业规定的标准投资利税率或行业的平均投资利税率进行比较，若大于或等于标准投资利税率或行业平均投资利税率则项目可行，否则项目不可行。

③资本金利润率（资本金指注册资本金）

$$资本金利润率=\frac{年利润总额}{资本金}\times 100\% \tag{4-3}$$

年利润总额的选取同投资利润率。计算出的资本金利润率要与行业的平均资本金利润率或投资者的目标资本金利润率进行比较，若前者大于或等于后者，则认为项目是可以考虑接受的。

④静态投资回收期

静态投资回收期，是指在不考虑货币时间价值因素条件下，用生产经营期回收投资的资金来抵偿全部原始投资所需要的时间，一般用年表示。详细计算见第二章。

(2)动态评价指标

动态评价指标包括财务净现值（FNPV）、财务内部收益率（FIRR）、动态投资回收期（FN）。财务动态评价指标的计算方法同国民经济动态评价指标的计算方法，不同的是式中用到的是企业的财务支出与财务收益，计算结果要与行业内部标准相比较来判断项目在财务上的可行性。

2)反映清偿能力的指标

(1)借款偿还期

$$借款偿还期=借款偿还后开始出现盈余的年份数-1+\frac{当年应还借款}{当年可用于还款的收益额} \tag{4-4}$$

计算出借款偿还期后，要与贷款机构的要求期限进行对比，等于或小于贷款机构的要求期限，即认为项目是有清偿能力的；否则，认为项目没有清偿能力，从清偿能力角度考虑，则认为项目是不可行的。具体计算见表4-1。

表4-1

| 序号 | 项　目 | 建设期 | | | 生产期 | | | | |
|---|---|---|---|---|---|---|---|---|---|
| | | 1 | 2 | 3 | 4 | 5 | 6 | 7 | 8 |
| 1 | 年初欠款累计 | 0 | 57896 | 22327 | 31927 | 287726 | 220726 | 93372 | 0 |
| 2 | 本年新增借款 | 56152 | 156914 | 79658 | | | | | |
| 3 | 本年应付利息 | 1744 | 8467 | 16339 | 19827 | 17868 | 13707 | 5798 | |
| 4 | 本年偿还本金 | 0 | 0 | 0 | 31548 | 67000 | 127354 | 93372 | |
| 5 | 还本资金来源 | 0 | 0 | 0 | 31548 | 67000 | 127354 | 186243 | |
| 5.1 | 其中：税后利润 | | | | -14 | 35438 | 95792 | 154681 | 154681 |
| 5.2 | 折旧摊销 | | | | 31562 | 31562 | 31562 | 31562 | 31562 |
| 5.3 | 其他来源 | | | | 0 | 0 | 0 | 0 | 0 |

借款偿还期为6+93772/186243=6.5(年)

说明：①年初累计欠款等于上年初累计欠款加上年新增借款及未付利息，减去上年还本后的余额。

②本年应付利息按年初累计欠款和本年新增借款的一半为基数，按6.21%的利息进行计算。

(2)财务比率(包括资产负债率、流动比率、速动比率)

$$资产负债率=(负债总额/资产总额)\times 100\% \tag{4-5}$$

作为提供贷款的机构,可以接受小于等于100%的资产负债率,大于100%,表明企业已资不抵债,已达到破产警戒线。

$$流动比率=(流动资产/流动负债)\times 100\% \tag{4-6}$$

流动比率应大于200%,即1元流动负债至少有2元的流动资产作后盾,保证项目按期偿还短期债务。

$$速动比率=(速动资产/流动负债)\times 100\% \tag{4-7}$$

式中

$$速动资产=流动资产-存货$$

速动比率是反映项目快速偿付流动负债能力的指标。计算出的速动比率一般应接近于100%。

3)外汇平衡分析

涉及外汇收支的项目,应进行财务外汇平衡分析,考察各年外汇余缺程度。首先根据各年的外汇收支情况,编制《外汇平衡表》,然后进行分析,考察计算期内各年的外汇余缺程度。一般要求,涉及外汇收支的项目要达到外汇的基本平衡。

## •第二节　国民经济评价理论•

国民经济评价的理论基础是市场经济理论,包括对市场经济运行进行调控的宏观经济理论和以完全竞争市场原理为中心的一系列经济学概念,它们构成了国民经济评价的理论基础。现对国民经济评价中最常用到的概念作一介绍。

### 一、机会成本

机会成本是指有多种用途的资源在稀缺状态下由于选择某种用途而不得不放弃其他用途所牺牲的最大收益(利润)。公路工程项目投入要素的机会成本概念在国民经济评价中对确定影子价格有着重要的作用。在运用机会成本这一概念时,应注意如下基本条件:

(1)资源是稀缺的、有限的;

(2)资源本身有多种(至少两种)用途;

(3)资源可以自由流动而不受限制;

(4)资源要能够得到充分利用。

如不具备这些条件,机会成本就毫无意义了。

公路项目的国民经济评价,实质上就是机会成本的比较分析。公路建设所耗费的经济资源大多数都是稀缺资源,都要用机会成本概念来决定其影子价格,以判断和衡量项目的经济费用。

(1)自然资源的机会成本。公路项目的自然资源有土地、沙、石等。土地的机会成本应当是,土地在所处的现实环境条件下可以用于其他用途中获得最大效益机会的收益。例如,如果公路占用的土地只能用于种植,当地种植的农作物有小麦、蔬菜和水果3种机会,3种产出中从所得扣除生产成本,以种植蔬菜年净收益为最大,则全部公路占用土地都要以种蔬菜的净收益为其影子价格的计算依据，而无论实际上这些土地在计算期内可能种什么。

沙、石在大多数情况下，也是稀缺的，具有机会成本，它们的影子价格也是失去机会的收益。如果没有任何使用机会，则其影子价格只计算其开采和运输费用。

(2)劳动资源机会成本。虽然目前各国都不同程度地存在着劳动力过剩，但并不能说所有劳动资源都没有机会成本。在任何一个经济社会里，造成失业的原因是多种多样的，失业人员的类型也不相同。在普通劳动力富余的同时也存在着受过专业培训人员的相对稀缺；在一些部门工人劳动力过剩的同时技术人员相对不足；在行政人员严重超编的同时却由于缺少高水平的经济管理人才而导致经济效益下降。有时，由于国民经济结构性调整造成的人员闲置，可以从事其他服务性的劳动，甚至从事较多的家务劳动而减少了家庭对社会服务的需要，实际上也反映出对这些失业人员不能以机会成本为零来看待。

(3)建筑材料和机械设备的机会成本。由于政府的干预、关税及市场机制不健全等多种原因常常造成建筑材料和机械设备的现行价格扭曲，而无法用来衡量它们的经济费用，这时，就要以机会成本为基础调整的影子价格来作为它们的经济费用。

(4)资金的机会成本。经验证明，制约我国公路建设事业发展的最大问题是资金的短缺。所以，资金是公路建设最关键的投入要素。公路项目的国民经济评价的任务之一，就是保证稀缺资金的合理使用，提高资金使用的经济效益。所谓资金的机会成本，就是在对各预选项目进行可行性论证，并按效益的高低进行筛选时，被放弃项目中最高的经济内部收益率，这个比率通常用来作为评价项目可行与否的社会经济贴现率。

## 二、影子价格

我国目前市场经济不发达，再加上经济管理体制、经济贸易政策和历史原因，价格扭曲变形严重，市场价格偏离价值的现象普遍存在。因此，现行不合理的市场价格不能作为资源配置的正确标准。在公路工程项目的国民经济评价中，经济费用与经济效益的测算都要使用影子价格。影子价格的作用，就是对扭曲的市场价格进行调整和纠正，从而显示项目经济费用的真实性，以实现社会资源的最优配置和有效利用；另一方面是有利于按政府的投资政策和国情对项目方案做出选择。所以正确理解影子价格的概念，掌握其测定方法，对于切实做好工程项目的国民经济评价工作，就有着十分重要的作用。

从理论上说，影子价格是完全竞争市场条件下，资源得到最优配置和最大效率利用时的市场均衡价格。所以在进行国民经济评价时，只要找出完全竞争市场，然后根据完全竞争的市场价格计算资源的费用，则这种费用代表了资源的价值(或资源的机会成本)。那么，现实生活中完全竞争市场是否存在呢？应当说，完全符合完全竞争市场条件的市场是不存在的，市场实际价格往往存在着对经济资源配置最优状况的偏离，所以实际价格不能反映国民经济消耗的真实价值。但许多资源的国际市场条件与完全竞争市场结构极为类似，如果假定国际市场是一种完全竞争市场，那么，根据国际市场上资源的价格所得出的费用，就反映了资源的机会成本。实际工作中，通常将根据国际市场价格所确定出来的资源价格，称为资源的影子价格。影子价格的计算正是根据这一假定来进行的。事实上，随着市场的开放、统一，世贸组织的形成及国际市场竞争的加剧和市场均衡的形成，这一假定越来越具有合理性。值得注意的是当某些资源的国内市场竞争条件符合或接近完全竞争的市场条件时，可直接采取市场价格作为该资源影子价格。

在实际公路项目的国民经济评价中由于投入要素多种多样，来源渠道很不相同，所以把他们的实际价格调整为影子价格的途径和方式也很不相同。在确定影子价格时，是将项目的投入物分为外贸货物、非外贸货物和特殊投入物 3 种类型来分别考虑的，外贸货物和非外贸货物统称一般投入物。

**1. 一般投入物影子价格的确定方法**

公路项目国民经济评价只涉及使用投入物的影子价格，当利用市场价格调整方法确定项目投入物的影子价格时应按国家颁布的有关要求，本着简明实用的原则，重点调整那些在项目的费用与效益中占有较大比重及市场价格明显扭曲变形的投入物的价格。

1）外贸货物的影子价格

外贸货物指在国家关税等政策法规的约束条件下，其生产或使用将直接或间接影响国家进出口的货物。判断一种项目投入物是不是可供外贸物品，不仅在于该物品是不是直接从外国进口的，更主要的是判断由于项目的耗用是否增加进口或使出口减少，如果由于项目的耗用使该投入物的进口增加或者使其出口减少，则可断定这种投入物是可供外贸的物品，否则就是不可供外贸的物品。公路工程项目投入物中的外贸货物分为直接进口产品（国外产品）、间接进口产品（国内产品，挤占其他企业的投入物使其增加进口，如木材、钢铁及铁矿、铬矿等现在仍然大量进口）、减少出口产品（国内产品，挤占原来用于出口、现在也能出口的产品，如石油、煤炭、有色金属等）3 类。

对于可供外贸的投入物，其经济费用应按照国际市场价格计算。在具体计算中掌握以下原则：

①直接进口产品的影子价格（$SP$）等于到岸价格（$CIF$）乘以影子汇率（$SER$），加上国内运输费用（$T_1$）和贸易费用（$T_{r1}$），即：

$$SP = CIF \times SER + (T_1 + T_{r1}) \tag{4-8}$$

②间接进口产品的影子价格（$SP$）等于到岸价格（$CIF$）乘以影子汇率（$SER$）加口岸到原用户的运输费用（$T_2$）及贸易费用（$T_{r2}$），减去供应厂到原用户的运输费用（$T_3$）及贸易费用（$T_{r3}$），再加上供应厂到拟建项目的运输费用（$T_4$）及贸易费用（$T_{r4}$），即：

$$SP = CIF \times SER + (T_2 + T_{r2}) - (T_3 + T_{r3}) + (T_4 + T_{r4}) \tag{4-9}$$

原供应厂和用户难以确定时，可按直接进口考虑。

③减少出口产品的影子价格（$SP$）等于离岸价格（$FOB$）乘以影子汇率（$SER$）减去供应厂到口岸的运输费用（$T_5$）及贸易费用（$T_{r5}$），再加上供应厂到拟建项目的运输费用（$T_4$）及贸易费用（$T_{r4}$），即：

$$SP = FOB \times SER - (T_5 + T_{r5}) + (T_4 + T_{r4}) \tag{4-10}$$

供应厂难以确定时，可按离岸价格计算。

2）非外贸货物的影子价格

非外贸货物包括投入项目后不会影响国家进出口的物品，其中一类是“天然”的非外贸货物，如公路、港口、土地、房屋；另一类是由于运输费用过高或受国内国外贸易政策和其他条件限制不能进行外贸的货物。后者在政府通过关税、财政补贴、进行干预时，或者因国内经济结构、产品成本、市场供求关系发生变化时，也可以转化成外贸物品。

非外贸货物影子价格的确定按以下原则进行：

①能通过原有企业挖潜（不增加投资）增加供应的，按可变成本分解定价。

②在拟建项目计算期内需要通过增加投资扩大生产规模满足建设项目需要的，按全部成本（包括可变成本和不可变成本）分解定价。当难以获得分解成本所需资料时，可参照国内市场价格定价。

③项目计算期内，无法通过扩大生产规模增加供应的（减少原用户的供应量），参照国内市场价格及国内统一价格加补贴（如有时）中较高者定价。

非外贸货物的分解成本（影子价格）与其财务价格的比值即为换算系数，将某种非外贸货物的财务价格乘以换算系数，即得该货物的影子价格。在国家计委颁布的《建设项目经济评价方法与参数》中，列出了统一测定的部分货物影子价格换算系数，实际工作中可直接使用，但应特别注意其附加的条件和说明。

3）贸易费用

确定公路工程项目投入物的影子价格时，无论是对外贸货物还是非外贸货物，都要先确定其贸易费用。国民经济评价中的贸易费用，是指物资系统、外贸公司和各级商业批发站等部门花费在货物流通过程中以影子价格计算的费用（长途运输费用除外）。它包括货物的经手、储存、再包装、短距离运输、装卸、保险、检验等所有流通环节上的费用支出，也包括流通过程中的损耗以及按社会折现率计算的资金回收费用，但不包括长途运输费用。

贸易费用率是计算贸易费用的一个系数。国家计委规定，一般货物的贸易费用率为6%，对于少数价格高、体积与重量较小的货物，可适当降低贸易费用率。

外贸货物的贸易费用计算分为进口货物和出口货物两种，其中进口货物的贸易费用计算公式为：

$$T_r = CI_F \times SER \times \alpha \tag{4-11}$$

出口货物的贸易费用计算公式为：

$$T_F = (FOB \times SER - T \times \alpha) / (1 + \alpha) \tag{4-12}$$

式中：$T_r$——进口货物的贸易费用；

$T_F$——出口货物的贸易费用；

$CIF$——进口货物到岸价；

$FOB$——出口货物离岸价；

$\alpha$——贸易费用率；

$T$——出口货物的国内长途运费。

非外贸货物的贸易费用 $T_i$ 的计算公式为：$T_i = C_i\alpha$

式中：$C_i$——货物的出厂影子价格。

其余符号意义同前。

不经商贸部门经手而由生产厂家直供的货物，不计贸易费用。

**2. 特殊投入物影子价格的确定方法**

公路工程项目的特殊投入物，指在性质上不同于一般的投入物，如土地、劳动力、资金等。

其影子价格的确定方法各不相同。

1)社会折现率

社会折现率是社会对资金机会成本和资金时间价值的估量,即资金的影子价格和影子利率。由于项目使用资金,从而使这部分资金失去在国民经济其他方面的使用机会可获得的收益,这部分失去的收益,就是项目使用资金时国民经济付出的代价,即资金的机会成本,称为影子利率。

发展中国家为了鼓励发展交通运输业,常以低利率给交通部门投资,这样人为造成的低利率自然不能反映资金的机会成本,于是人们就用影子利率来反映其机会成本。如政府以3%的低利率给某公路工程项目投资1000万元,如这笔资金用于别的工业建设项目将获得17%的收益率,那么这笔投资的影子利率应是17%,而不是3%。又如资金从国外借来或由政府发行债券,则实际借款利率或债券利率即为影子利率。

在国民经济评价中,用影子利率作为折现率来计算净现值等,称为社会折现率。社会折现率由国家计委统一制定,当前,国家计委制定的社会折现率为12%。

2)影子汇率

汇率是两种不同的国家货币之间的比价。我国政府公布的人民币外汇牌价,即官方汇率是外汇在我国的市场价格。影子汇率是针对官方汇率而言的,影子汇率就是外汇的影子价格,是假定政府不干预外贸(既不对进口物品征税也不对出口物品补贴),由国内国际市场决定的本国货币与国际货币的兑换率。在公路工程项目中,为了正确反映我国利用引进外汇购置公路建设所需设备和原材料等投入物的真实经济价值,必须使用影子汇率。

影子汇率换算系数是影子汇率与官方汇率的比值系数,是由政府部门确定的国家参数。在项目国民经济评价中,用官方汇率乘以影子汇率换算系数便得到影子汇率。即:

影子汇率=官方汇率×影子汇率换算系数

计算某一年的平均影子汇率可用公式(4-13)求得:

$$SER=\frac{OER(C+T+F-S)}{(F+C)} \tag{4-13}$$

式中:$SER$——影子汇率;

$OER$——官方汇率;

$C$——全部进口货物的到岸价格;

$T$——全部进口税收入;

$F$——全部出口货物的离岸价格;

$S$——出口补贴(若是出口税则可看作是负的补贴)。

前阶段根据我国的外汇供求情况、进出口结构及换汇成本,国家计委曾规定影子汇率换算系数为1.08。我国汇率并轨后,国家外汇牌价已基本反映了国际市场的真实价格,在这种情况下,换算系数为1,影子汇率可取为外汇买入价与卖出价的平均值。

3)影子工资

劳动力是一种特殊的生产要素,在建设项目国民经济评价中,劳动力被视为特殊投入物。劳动力的影子价格就是影子工资。

影子工资是指建设项目使用劳动力,国家和社会为此付出的代价。影子工资的大小与国家的社会经济状况、项目的技术含量以及项目所在地劳动力的充裕程度有关,在计算中可由名义工资(职工个人实得工资与提取的福利基金之和)乘以适当的换算系数。换算系数由国家统一测定发布,对于一般建设项目,影子工资换算系数为1,若在建设期内大量使用民工,民工的影子工资换算系数为0.5。技术复杂的大桥和隧道,由于需要的技术劳动力和熟练劳动力较多,换算系数可大于1;偏远地区和劳动力富裕地区以及需占用大量非技术劳动力和非熟练劳动力的项目,换算系数可小于1。

4)土地的影子费用

公路工程项目要占用大量的土地。土地作为可供多种可能用途的稀缺资源,一旦被公路占用,就意味着国民经济放弃了其他用途可能为国民收入增加做出的贡献。因此,在国民经济评价过程中必须给土地一个合适的影子价格。

①如果一个国家土地市场机制比较健全,土地使用权可以自由地在土地批租市场流动,那么土地的影子价格可以近似地用市场价格来表示。只是在确定土地影子价格时,需要从土地市场价格中剔除政府对土地使用权买卖征收的税款部分,因为这部分是转移支付。

②如果土地市场不健全,土地的使用价格因政府的干预存在扭曲,则需要利用机会成本的概念,对当时当地土地可能使用的各种现实用途进行计算,以土地得到最大净收益的机会为计算对象,测算出土地的影子价格。

计算土地机会成本时,应根据项目占用土地的种类,分析项目计算期内技术、环境、政策、适宜性等多方面的约束条件,选择该土地最可行的2至3种替代用途(包括现行用途)进行比较,以其中净效益最大者为计算基础。在难于计算的情况下,可以参考国家计委《建设项目经济评价方法与参数》中给出的各种不同类型土地的机会成本数据。在选用时,应注意项目所在经济区域、占用的土地类型及最可能的用途等情况。土地机会成本可按下式计算:

$$OC=\sum_{t=1}^{n}B_0(1+i)^{t+\tau}(1+r)^{-t}=\begin{cases}B_0(1+i)^{\tau+1}\left[\dfrac{1+(1+i)^{n}(1+R)^{-n}}{R-i}\right] & (R\neq i)\\ nB_0(1+i)^{\tau} & (R=i)\end{cases}\tag{4-14}$$

式中:$OC$——土地单位面积的机会成本;

$n$——项目占用土地的年限,一般为项目计算期;

$B_0$——基年土地的“最好可行替代用途”的单位面积年净效益;

$\tau$——基年(即土地在可行替代用途中的净效益测算年)距项目开工年年数;

$t$——年序数;

$i$——土地最好可行替代用途的年平均净效益增长率;

$R$——社会折现率。

建设项目实际征地费用可分为三部分:属于机会成本性质的费用,如土地补偿费、青苗补偿费等;新增资源消耗费用,如拆迁费用、剩余劳动力安置费、养老保险费等;转移支付,如粮食开发基金、耕地占用税等。

根据效益和费用划分的原则,在国民经济评价中,前两部分费用应按影子价格进行调整,而第三部分则不计为费用。即:

土地影子费用 = 土地机会成本 + 新增资源消耗费用

**征地费用构成情况** 表 4-2

| 费 用 类 别 | 费用金额(万元) | 费 用 类 别 | 费用金额(万元) |
|---|---|---|---|
| 1. 土地补偿费 | 406 | 7. 拆迁总费用 | 1237 |
| 2. 青苗补偿费 | 34 | 8 征地管理费 | 162 |
| 3. 老年人保养费 | 156 | 9. 粮食开发基金 | 340 |
| 4. 养老保险金 | 12 | 10. 耕地占用税 | 567 |
| 5. 剩余农业劳动力安置费 | 835 | 合计 | 3968 |
| 6. 农转非人口粮食差价补偿 | 219 | | |

**【例 4-1】** 例某运输项目位于长江下游区,共征地 1134 亩。1990 年开始征地建设,项目寿命期为 23 年。项目实际征地费用总额为 3968 万元,平均每亩 3.4991 万元,征地费用构成见表 4-2,试求该项目的土地影子费用。

**解:**(1)计算土地机会成本

在表 4-2 中的实际征地费用中,第 1、2 两项属机会成本性质,应按机会成本计算办法重新计算。该土地的现行用途为种植水稻,经分析,该土地还可种植小麦和蔬菜。根据调查 1989 年(年末)当地种一亩水稻或一亩小麦或一亩蔬菜的净效益分别为 462 元、182 元和 482 元。设蔬菜 1 年可种 2.5 季,水稻和小麦 1 年只种 1 季,空闲时间也可用于种蔬菜。显然,在这 3 种替代用途中,种蔬菜的净效益最大,为最好的可行替代用途。故基年净效益为:

$$B_0 = 482 \times 2.5 = 1205(\text{元/亩})$$

设规划期内种蔬菜的年净效益增长率为 $i = 2\%$。由于基年为 1990 年(年初),项目开工年也为 1990 年,故 $\tau = 0$。则每亩的机会成本为:

$$OC = B_0(1+i)^{\tau+1}\frac{1-(1+i)^n(1+R)^{-n}}{R-i}$$

$$= 1205(1+0.02)\frac{1-(1+0.02)^{23}\times(1+0.12)^{-23}}{0.12-0.02}$$

$$= 1.0861(\text{万元/亩})$$

土地的机会成本总额为:1134 × 1.0861 = 1 231.6374(万元)

(2)新增资源消耗费用的计算

在表 4-2 的实际征地费用中,新增资源消耗费用由第 3 至 8 项组成,总额为 2621 万元,平均每亩为 2.3113 万元。新增资源消耗中的拆迁费为主要建筑施工费用,根据国家计委《建设项目经济评价方法与参数》,房屋建筑工程影子价格换算系数为 1.1,则拆迁费的影子费用为:1237 × 1.1 = 1360.7(万元),平均每亩为 1.1999 万元。

其余几项新增资源消耗费用不作调整,其总额为 1384 万元,平均每亩为 1.2205 万元。剔除转移支付第 9、10 两项,则得单位面积土地影子费用为

$$1.0861 + 1.1999 + 1.2205 = 3.5065(\text{万元/亩})$$

土地影子费用总额为:1134 × 3.5065 = 3976.371(万元)。

## 三、货币的时间价值

货币的时间价值原理在第三章已作介绍,承认并利用货币时间价值规律可以使人们在其

经济活动中重视并实现货币资金这种稀缺资源的最有效使用;可以根据货币的增值程度,来检验、考核资金的运用效果。在货币时间价值规律支配下,企业随时都重视对资金的占用,随时采取一切措施使资金加速周转以发挥最大的效用。

对于一个公路工程项目而言,总是先发生建设投资支出,只有当项目建成后,才能出现一系列的收益。从货币的时间价值规律出发,以现在的货币支出额与将来的项目收益额进行比较(即传统的静态分析)显然是不合适的,因为二者之间没有可比性。为了正确的评价项目的经济效益,就必须将所有不同时间发生的支出和收益按照一定的利率贴现到公路项目的一个标准基年,使不同时间发生的成本和收益货币,换算为考虑时间价值的可比的货币数量,然后进行比较,才能正确地评价方案的优劣。

## 四、转移支付

所谓转移支付,就是指经济社会某一类成员所拥有的经济资源转移到另一类成员所有。由于所有权发生了改变,使社会一部分成员收入增加或减少,而相应另一部分成员的收入则减少或增加;但是这种收入的增加或减少,对于国民经济而言,则收入总量未变,即既未增加收入,也未耗费资源,只是在社会成员内部出现了资源的转移与调整而已。在进行公路项目的国民经济评价中,这一类费用不能作为项目的经济费用或经济收益,需要进行调整。在公路项目的国民经济评价中,经常遇到的转移支付有以下几类:

(1)各类税收。如原材料、设备、燃料等的进口税、营业税、所得税、调节税、关税和增值税等是政府调节分配和供求关系的手段,属于国民经济内部转移支付。

(2)政府补贴。政府为了支持公路建设事业的发展,经常对公路工程项目的某些投入要素进行补贴,使公路项目以低于正常市场价格得到该要素,从而节省了公路项目的开支;但是,这些投入要素被公路项目消耗掉,其实际对国民经济收入的减少应当用被消耗投入要素的市场价格来计算,这个价格显然高于公路项目付出的财务价格,原因是有一部分消耗由政府财政补贴抵偿。补贴不能算作项目的经济效益。政府补贴同税金一样,也是一种转移性费用,只是二者的货币流向相反。因此,应将补贴加入项目的经济费用中以抵消项目由补助而所减少的财务成本。

(3)项目的贷款利息。公路工程项目贷款时发生的利息支出并不反映项目对国民经济资源的消耗,它只是从社会一部分人(如项目贷款者)手中转移到另一部分人(如银行)手中。虽然利息是该项目财务成本的一部分,但在计算经济费用时由于项目付出的利息并未使国民收入减少而不能计入。但是,如果从境外银行贷款,利息付给境外银行,则意味着国民收入减少,应该计入项目的经济费用中。

(4)固定资产折旧。对公路项目来说,各类固定资产折旧是财务成本的重要组成部分,但如果从国民经济角度来看,折旧实际上是对已发生的项目建设费用在公路使用时期的摊销。由于在建设公路时已将建设费用列入经济费用中,如果再作计算,那就会造成重复,其结果将高估项目的经济费用,低估项目的经济效益。因此在建成后使用期对项目固定资产的折旧只是一种转移费用,不再计入国民经济费用。必须指出,对于固定资产进行修理和更新时所发生的费用,如车辆、机械等各类固定资产维修费、更新费和保养费等应列入经济费用,因为,这类费用意味着实际资源被相应消耗,国民收入也相应减少。

但是，在公路建设过程中，当计算包括施工单位设备的经济成本时，却应当计入设备的折旧，因为这部分设备并非公路项目本身投资购置的，也不大可能在同一公路工程项目中使之完全报废，此时这一设备的经济费用就应以在该公路项目建设期内的折旧来进行计算。综上所述，折旧计不计入经济费用，还是以其是否真实地减少了国民经济资源上的消耗为判定标准。

根据同样的道理，还可以说明公路养路费（燃料税）也是转移支付。这笔费用对于公路使用者当然是必须计算的财务成本，对公路部门则是一笔收入。但公路养路费的使用与它的上缴并非同时发生。当它们被上缴的时候，由于没有马上导致国民经济收入的减少，所以不能计为经济费用，只有当它们被用于公路的养护维修与建设而消耗时，才能计为经济费用。

(5)公路项目使用的闲置资源。资源包括自然资源、劳动力资源、资金资源及产品资源等。所谓闲置资源，指的是如果不被当时公路项目所使用的某些上述资源的种类，也不会被其他经济活动所使用而闲置的资源。闲置资源在公路项目的国民经济评价中的经济费用都为零。即使公路项目要为工作着的简单劳动力付工资，为砂石的采掘付出报酬，这些工资和报酬也可能是数量可观的财务成本，但它们必须从国民经济费用中抹去。

### 五、“有-无”分析法

鉴别公路项目的经济费用和经济效益，并把它们用数量表示进行定量分析的方法有两种，一是“前-后对比法”，另一个就是“有-无分析法”。前-后对比法就是对项目实现以前和实现以后所出现的各种经济费用和经济效益进行对比，其差别反映了以项目出现前后为分界的经济费用和经济效益改变情况，但却没有考虑在没有投资项目情况下可能会发生的情况变化，因此对于项目投资而带来的成本与效益的反映有可能出现不全面、不真实，甚至弄不清有哪些效益是因为有了项目才带来的；有-无分析法则是对有项目实现和没有项目实现的各种经济费用和经济效益进行比较，其差别就是因投资而产生的效益的真实增加量，它可以清楚地确定有多少效益是归功于该投资项目的。

经济学家一般把不发生变化，可以用前-后对比法进行经济评估的项目叫做“治疗性项目”；对于发生变化的项目，经济学家称之为“预防性项目”。对于预防性项目，必须采用有-无分析法进行经济评估；对于治疗性项目，则既可以用有-无分析法，也可以用前-后对比法进行评估。

公路工程项目，基本上都是预防性项目。一般来说，投资额巨大，路面等级高的公路工程项目，都是发生在经济比较发达，人口密集的经济中心或城市，在它们之间，原先都已存在着公路，由于等级低、路面狭窄、通行能力不能适应交通量增长的需要而出现拥挤，导致车辆行驶成本增高、行驶时间增多。此时，无论是在两城市间修建新路还是改造原先的旧路以提高公路等级，都是为了克服原已存在的拥挤及预防未来还要产生的交通进一步恶化，这种变化总是存在的。因此，这类项目都是预防性项目，必须采用有-无分析法进行评估。

## *第三节　公路工程项目的经济费用与经济效益

### 一、公路工程项目的经济费用

公路工程项目的经济费用是指国民经济为兴建和经营该项目所花费的全部费用，它包括

这个项目兴建和建成后营运中所投入的全部物资消耗和人力消耗。它不仅包括兴建项目以及与营运直接有关的费用,而且包括项目完成预计效益带来的一切费用。总投入的经济费用就是指国民经济付出的全部代价,包括政府负担的代价,也包括企业、私人所花的代价,它是以货币的形式来计量和表示的。

**1. 经济费用与财务成本**

衡量和估计经济费用,就是运用科学的方法,对各个比较项目的经济费用进行鉴别和衡量,这项工作是通过对其财务成本作相应的合理调整来实现的。

经济费用与财务成本有许多一致的地方,但有明显差异,它们之间的差异表现在以下 3 个方面:

1)衡量观点不同

经济费用是站在国家立场上(至少是地区立场)看问题,它衡量由于执行某一项目而带来多少国民经济收入减少及各类资源的分配流向,以便做出合理的宏观决策或者调整决策,故经济费用反映的是宏观经济。财务成本反映的是微观经济,它仅是站在项目执行者的立场上看问题,它可以是从具体企业(包括私人企业主)的角度来衡量、估算在执行项目过程中企业内部产生的所有货币代价,进而与企业的期望利润比较,以便做出微观决策。它不反映资源分配和流向。

2)鉴别成本原则不同

鉴别财务成本是以货币的支付和现金流量的减少为基本原则。鉴别经济费用是仅以国民收入减少为唯一鉴别原则,即只有因执行某公路项目而使国民经济消耗各种资源的,使国民经济增加成本的,才可列入经济费用。

我们常要对公路项目作经济费用估算,为此,需要弄清楚经济费用与财务成本间的构成(如图 4-2 所示)。据此,对财务成本作必要的调整(通过转换系数)就形成相应的经济费用。

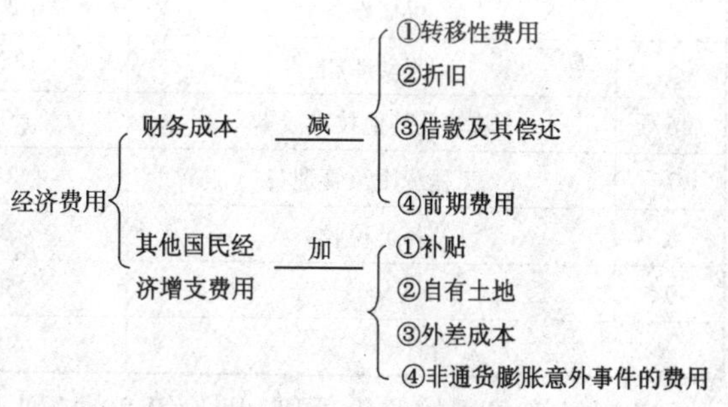

图 4-2　经济费用与财务成本关系图

转换公式为:

$$f=\frac{C_{\mathrm{E}}}{C_{\mathrm{F}}} \tag{4-15}$$

式中:$f$——转化系数;

$C_{\mathrm{E}}$——经济费用;

$C_{\mathrm{F}}$——财务成本。

**【例 4-2】**　某公路项目购进 40 万元钢材,其价格中有 15% 工商税,购进 70 万元水泥,其价格中有 10% 国家补贴,计算钢材和水泥的经济费用。

**解**:利用式(4-15)得:

$$f_{\text{钢材}}=\frac{1}{1+15\%}=0.87$$

$$f_{水泥}=\frac{1}{1-10\%}=1.1$$

$$C_{E(钢材)}=40\times0.87=34.8(万元)$$

$$C_{F(水泥)}=70\times1.1=77.7(万元)$$

3)经济费用与财务成本对稀缺资源的计值方法不同

财务成本是以现行市场价格为尺度对项目投入资源计量,而经济费用是以资源的机会成本为尺度来计量的。

经济费用与财务成本两者互为补充,由财务成本调整为经济费用可按下述步骤进行:

①对项目总投资按费用分类编制财务成本一览表,再按经济费用的鉴别原则对表中每一细目辨认,包括或剔除财务成本中已剔除的或包括进去的某些成本项目,以形成逐年各类资源的经济费用构成表。

②对经济费用构成项目按性质、用途、分类排队,并对各稀缺资源确定机会成本,调整计算如表4-3。

经济费用调整计算(单位:万元) 表4-3

| 序号 | 投入资源 | 财务成本 | 外汇成分(%) | 经济费用 |
|---|---|---|---|---|
| 1 | 自有土地 | 0 | 0 | 2000 |
| 2 | 防波堤 | 3500 | 10 | 3762.5 |
| 3 | 5个停泊处 | 5000 | 20 | 5750 |
| 4 | 机械设备 | 8000 | 30 | 9800 |
| 5 | 流动船舶 | 9000 | 30 | 11025 |
| 6 | 疏竣及其他技术成本 | 5800 | 30 | 7105 |
| 7 | 工程费用及管理费 | 2500 | 50 | 3743.5 |
| 8 | 各类税收 | 2000 | 0 | 0 |
| 9 | 人工 | 5000 | 0 | 2500 |
| 合计 | | 40800 | | 45380 |

依据经济费用的鉴别原则,剔除第8类,列入被财务成本剔除的第1类,再通过影子价格,利用式(4-14)将涉及到的外汇项目和工资项目的财务成本调整为经济费用,即:

$$经济费用=无外汇的财务成本+有外汇财务成本\times影子价格$$

例如对第2类防波堤的调整:

$$经济费用=3150+350\times75=3762.5(万元)$$

这里外汇影子价格为75;工资影子价格为0.5;其余当地原材料、设备等,因市场价格反映其生产成本,无需调整。

**2. 公路工程项目经济费用测算**

公路工程项目的经济费用分为直接费用和间接费用。前者可定量计算,后者则难以定量计算。为了与效益计算的口径一致,这里仅讨论直接费用的计算问题。直接费用是指用影子价格计算的项目投入物(固定资产投资和经常性投入)的经济价值。这部分费用一般在项目的财务评价中已经得到反映,通过调整可转化为经济费用。公路项目费用计算的具体范围表现在如下几方面:

(1)公路建设费;

(2)公路大修费;

(3)公路养护费;

(4)交通管理费;

(5)残值(以负值计入费用,一般取道路建设费用的50%)。

必要时计入项目的其他外差费用。外差费用是指国民经济为消除或减少消极外差因素而付出的代价,如环保工程费用等。

公路工程项目建设费用的具体确定方法如下:

(1)人工费的计算。由于国际劳务市场是一种非完全竞争市场,劳务输出要受到各种限制。因此,人工费的计算不能根据国际劳务市场价格来计算,而只能根据其机会成本来确定,即所谓劳动力的影子工资。

(2)材料费的计算:

①各种类型的钢材包括I级钢筋、II级钢筋、预应力粗钢筋、钢绞线、高强钢丝、钢材、波形钢板及型钢立柱、加工钢材、钢板标志等,按其影子价格来计算。方法是:

到岸价格乘以影子汇率,加上口岸到原用户的运费及贸易费,减去供应地到原用户的贸易费及运费,加上供应地到拟建项目的贸易费和运费(贸易费和运费都要用影子价格)。

②木材。包括原木和锯材,按影子价格来计算,方法同上。

③水泥。若采用国内水泥应按非外贸货物处理。由于国内水泥市场接近于完全竞争市场,因此,可直接根据市场价格来定价,即影子价格等于市场价格;若采用进口水泥可按钢材的影子价格确定方法计算。

④沥青。当需要的沥青为进口沥青时,其费用按照影子价格计算,由于它属于直接进口产品,其影子价格计算的确定方法是口岸价乘以影子汇率加上国内的贸易费和运费;当需要的沥青为一般国产沥青时,其影子价格的确定方法与钢材的影子价格确定方法相同。

⑤其他材料费。可参照国内市场价格计算其费用,实际工作中,其投资估算原则上不变。

(3)机械使用费的计算。对于可以租赁的机械可根据租赁费来确定机会成本。其他机械可按下述方法确定:

①机械使用费中的燃料费应根据燃料的影子价格计算;

②轮胎的费用中应扣除税金,将财务价还原为经济价;

③机上人员工资按影子工资计算;

④大修理费、保修费中应扣除税金;

⑤折旧费用资金回收费代替;

⑥养路费中(水平运输机械有此项费用)公路大修、养护及道路建设等费用应剔除(它是一种资金的内部转移,不消耗资源的价值);

⑦应剔除车船使用税(它是一种资金的内部转移,不消耗资源价值);

⑧其他费用不变。

机械使用费的计算较为复杂,部分费用要调高(如燃料费、折旧费),部分费用应调低。实际工作中,有些在计算上做了简化。

(4)建安费中的税金、利润等应以剔除,这些费用是一种资金的内部转移,并不消耗资源价值。

(5)征地费可根据土地的机会成本来确定,用土地的影子费用代替其他费用中的实际土地占用费。

(6)项目建设中所使用的电费按影子价格计算,剔除投资估算中的供电贴费(当电费未按影子价格计算而采用统一预算价格计算时,供电贴费不能轻易剔除)。

(7)建设期贷款利息、固定资产投资方向调节税是一种资金的内部转移,并不反应资源消耗,应予剔除。涉及外汇借款时,用影子汇率计算外汇借款本金与利息偿还额。

(8)工程造价增涨预留费中应剔除因通货膨胀而引起的增涨费而保留因供求关系变化而引起的增涨费。由于影子价格是依据国际市场价格来确定的,这种市场价格相对平稳,因此,实际工作中,工程造价增涨预留费基本上可以全部剔除。

(9)其他各项费用。一般可维持原来的投资估算不变。

以上是公路建设费的具体确定方法。公路建设的其他费用同样可以参考该方法来确定,有些资源的影子价格可直接查阅《建设项目经济评价方法与参数》。

## 二、公路工程项目的经济效益

公路工程项目的国民经济效益是在支付意愿与消费者剩余的基础上按照“有-无”比较法确定出来的。即通过对拟建项目建设后使用中(消费者)所发生的各种费用与拟建项目不实施情况下(消费者)所发生的各种费用进行比较来确定拟建项目的效益。

公路工程项目的经济效益系指全社会公路使用者所获得的效益以及公路的外部经济性给当地工农业生产及经济发展带来的效益,是经济活动的净成果。

公路项目的经济效益,从不同角度看有直接经济效益和间接经济效益,有宏观经济效益和微观经济效益,也有可计算和不易计算的经济效益等。能定量计算的效益应定量计算,进而与公路工程项目的费用进行比较以确定项目的经济可行性,不能定量计算的效益应进行定性分析和综合评价。我们介绍的主要是可计算的宏观经济效益。

公路工程项目的经济效益中可以定量计算的效益包括以下几种:公路晋级效益;减少拥挤效益;节约旅客、货物在途时间效益;缩短里程效益;减少交通事故和减少货损事故的效益。下面介绍每一种效益的计算方法(在计算每一种效益时所用的价格同样应采用影子价格)。

**1. 公路晋级的效益**

公路晋级的效益是指由于公路工程项目的实施,使得旅客货物的运输成本降低所产生的效益。新建公路项目运输成本降低额,按没有此公路时,旅客、货物通过其他公路或其他运输方式的运输成本,与有了此公路时的汽车运输成本之差额来计算。改建公路项目运输成本降低额,按公路未经改建时平均年度交通量状况下的旅客、货物运输成本,与经过改建在同一交通量水平下所能达到的旅客货物运输成本之差额来计算,即:

$$B_{hj} = (C_{hw} - C_{hy}) \times Q_{hk} \tag{4-16}$$

$$B_{kj} = (C_{kw} - C_{ky}) \times Q_{kk} \tag{4-17}$$

式中:$B_{hj}$——公路新建或改建导致货物运输成本降低的金额(万元);

$C_{hw}$——对于新建公路项目,指无此项目时货物通过其他公路或其他运输方式的单位运

输成本(元/千吨公里);对于改建公路,指公路未经改建时,平均年度交通量状况下的货物单位运输成本(元/千吨公里);

$C_{hy}$——对于新建公路项目,指有此项目时,货物通过此公路运输时的单位运输成本(元/千吨公里);对于改建公路项目,指货物通过改建后公路运输的单位成本(元/千吨公里);

$Q_{hk}$——新建公路或改建公路的货物周转量(千万吨公里);

$B_{kj}$——旅客运输成本降低的金额(万元);

$C_{kw}$——对于新建公路项目,指无此项目时旅客通过其他公路或其他运输方式旅行时的单位运输成本(元/千人公里);对于改建公路项目,指公路未经改建时,平均年度交通量状况下的旅客单位运输成本(元/千人公里);

$C_{ky}$——对于新建公路项目,指有此项目时,旅客通过此公路运输时的单位运输成本(元/千人公里);对于改建公路项目,指旅客通过改建后公路运输的单位成本(元/千人公里);

$Q_{kk}$——新建公路或改建公路的旅客周转量(千万人公里)。

如果缺乏旅客运输单位成本时,可采用换算吨公里按货物运输成本的单位成本进行间接推算。

上面介绍的公路晋级效益的计算公式是一近似计算公式,实际上,由于公路上的交通量来源于3种类型,即:

(1)原有公路上交通量(包括正常增长的交通量);

(2)从其他运输方式转移过来的交通量(或运输量);

(3)由于新建或改建公路而诱发的新的交通量。

因此,晋级效益的计算也应分别进行处理。其中,对于诱发的交通量(或运输量)应按下式计算:

$$B_{hjy} = \frac{1}{2}(C_{hwm} - C_{hy}) \times Q_{hky} \quad (4\text{-}18)$$

$$B_{kjy} = \frac{1}{2}(C_{kwm} - C_{ky}) \times Q_{kky} \quad (4\text{-}19)$$

式中:$B_{hjy}$、$B_{kjy}$——诱发的交通量的货运、客运经济效益;

$C_{hm}$、$C_{km}$——其他各种运输方式中最小的单运输成本;

$Q_{hky}$、$Q_{kky}$——诱发的客、货运周转量。

该公式是基于诱发交通量的需求曲线为图4-3所示情况时根据支付意愿确定出来的。

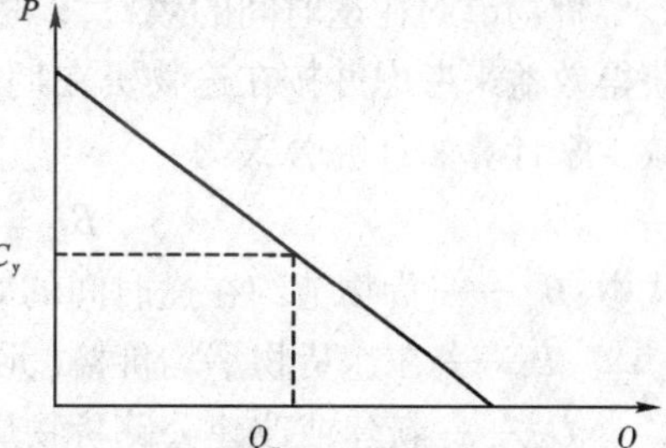


图4-3 诱增交通量的需求曲线图

**2. 减少拥挤所产生的效益**

无此项目时,原有的相关公路的交通量不断增加,平均行车速度相应降低,单位运输成本亦不断提高。有此项目后,使原有的相关公路部分交通量向拟建公路上转移,拥挤减少,运输成本下降,此项运输成本的降低即为效益。其公式为:

$$B_{hy} = (C_{hw} - C_{hyy}) \times Q_{hk} \quad (4\text{-}20)$$

$$B_{ky} = (C_{kw} - C_{kyy}) \times Q_{kk} \quad (4\text{-}21)$$

式中：$B_{hy}$、$B_{ky}$——由于公路新建使原有公路减少拥挤的货、客运输效益（万元）；

$C_{hw}$、$C_{kw}$——无此项目时，原有相关公路的货、客单位运输成本（元/千吨公里、元/千人公里）；

$C_{hyy}$、$C_{kyy}$——有此项目时，原有相关公路减少拥挤的货、客运输的单位成本（元/千吨公里、元/千人公里）；

$Q_{hk}$、$Q_{kk}$——有此项目后，原有相关公路剩余的货物、旅客周转量（千万吨公里、千万人公里）。

当缺乏旅客运输成本资料时，暂时可采用换算吨公里按货物运输成本进行间接计算。

**3. 缩短里程而产生的效益**

公路因改建而缩短里程，节约了旅客货物运输费用，其节约金额，以改建时交通量状况下的货物运输成本来计算。即：

$$B_{hd} = C_{ho} \times Q_{hdk} \tag{4-22}$$

$$B_{kd} = C_{ko} \times Q_{kdk} \tag{4-23}$$

式中：$B_{hd}$、$B_{kd}$——公路改建缩短里程而降低的货客运输成本（万元）；

$C_{ho}$、$C_{ko}$——公路改建时交通量状况下的货客运输成本（元/千吨公里、元/千人公里）；

$Q_{hdk}$、$Q_{kdk}$——公路缩短里程上的货客周转量（千万吨公里、千万人公里）。

此公式也适用于研究新建项目。

对于诱发的交通量的缩短里程的效益，应在公式中乘以0.5的系数（其理由同前面介绍的晋级效益的分析和计算）。

缩短里程上的周转量可按下式计算：

周转量=新路交通量×被缩短的里程×平均吨位×实载率×365天

对于诱发的交通量的缩短里程的效益，应在公式中乘以0.5的系数（其理由同前面介绍的晋级效益的分析和计算）。

缩短里程上的周转量可按下式计算：

周转量=新路交通量×被缩短的里程×平均吨位×实载率×365天

**4. 货物节约在途时间的效益**

货物节约在途时间的效益，以货物运送速度提高，在途时间缩短，引起资金周转期缩短而获得效益来考虑并按在途物资在期间占用资金的利息（国民经济评价时采用社会贴现率）的减少来计算。计算公式为：

$$B_{hs} = P_r \times Q_{hk} \times i \times T/(16 \times 365)L \tag{4-24}$$

式中：$B_{hs}$——货物节约在途时间的效益（万元）；

$P_r$——在途货物平均价格（元/t）；

$Q_{hk}$——新建或改建公路货物周转量（万吨公里）；

$i$——社会贴现率（%）；

$T$——全程节约小时数（h）；

$L$——公路线路全长（km）。

对于诱发的货运周转量，公式中同样应乘以0.5的系数。

在计算货物时间节约效益时，由于当前公路汽车运输企业大都达不到昼夜连续运送货物

的水平,故将节约16h在途时间按相当于减少了1天的货物流动资金周转时间考虑。

**5. 旅客节约在途时间的效益**

旅客节约在途时间的效益,以旅客旅行时间缩短,可多创造的国民收入来考虑,其金额以每人平均创造国民收入(净产值)的份额来计算,即:

$$B_{ks}=I_c\times Q_{kk}\times T/(8\times 240)L \tag{4-25}$$

式中:$B_{ks}$——旅客节约在途时间的价值(万元);

$I_c$——计算年度每一旅客的国民收入的份额(元/人);

$Q_{kk}$——新建或改建公路上的旅客周转量(万人公里);

$T$——全程节约小时数;

$L$——公路线路全长(km)。

如考虑节约的时间只有一半用于生产目的,则公式中还应乘以0.5的系数,对于诱发的客运交通量,则应在上述计算的基础上,还应乘以0.5的系数(理由同前)。

每个旅客所能创造的国民收入,可根据当地的统计资料测算。计算方法为:

$$\text{平均每个旅客所创造的国民收入}=\frac{\text{国民收入总额(万元)}}{\text{总人口数(万人)}}$$

应说明几点:

第一,计算旅客节约在途时间的价值必须要符合计算范围对应一致的原则,若时间价值指标以全社会人口数求得,则计算效益时应以旅客总数为乘数;如果旅客按年龄、职业、出行目的分组进行计算,则时间价值指标也要分组测算。

第二,按照国家计委《建设项目经济评价方法》的规定,计算期内各年使用同一价格,国民收入应以评价年度的第1年(项目开工的当年)的价格为基准计算。

第三,在计算旅客国民收入时,按每天8h工作制并扣除法定节假日(按每年工作240天计)来计算旅客每小时的国民收入。

**6. 公路减少交通事故而节约的费用的效益**

拟建项目实施后导致交通事故减少,其节约的费用以事故率及事故平均损失费用计算:

$$B_{jsh}=P_{jsh}\times(J_w-J_y)M_k \tag{4-26}$$

式中:$B_{jsh}$——减少交通事故节约的费用的效益(万元);

$P_{jsh}$——公路交通事故平均损失费(万元/次);

$J_w$——无此项目事故率(次/万车公里);

$J_y$——有此项目事故率(次/万车公里);

$M_k$——车辆行驶量(万车公里)。

**7. 减少货损事故节约的费用的效益**

减少公路货损事故所节约的费用的效益,按货损率差及评价年度在途货物平均价格计算。即:

$$B_{ssh}=(S_w-S_y)\times Q_{hk}\times P_r/L \tag{4-27}$$

式中:$B_{ssh}$——货损事故减少节约的费用的效益(万元);

$S_w$——无此项目时的货损率(%);

$S_y$——有此项目时的货损率(%)；

$Q_{hk}$——货物周转量(万吨公里)；

$P_r$——在途货物平均价格(元/吨)；

$L$——平均运距(km)。

对于诱增交通量同样应在公式中乘以0.5的系数。

**8. 全社会公路使用者的效益**

全社会公路使用者的效益即为上述7项效益之和。公式为：

$$B = B_{hj} + B_{kj} + B_{hy} + B_{ky} + B_{hd} + B_{kd} + B_{hs} + B_{ks} + B_{jsh} + B_{ssh} \tag{4-28}$$

式中符号意义同前。

**9. 效益计算应注意的几个问题**

(1)在分项效益计算举例中,都是利用货、客换算周转量和货、客综合运输成本进行计算,如果将货、客车分开计算,其运输成本也应分别测算。但是货、客车节约在途时间价值要分开计算效益。

(2)在效益计算中,交通量在项目开工后的预测年限与评价计算期应相一致。这期间在未来年交通量达到公路通行能力后,交通量和效益拟不再变化。例如,1997年建成一条新路,交通量预测和效益计算应到2017年,假设预测的交通量到2011年已达到最大通行能力,则2012~2017年的交通量与效益等同于2011年,不再变化。

## 本章小结

通过本章学习,学生应重点理解和掌握下列基本知识：

**1. 描述国民经济评价与财务评价的概念、区别**

国民经济评价是站在整个国家的立场来看问题,研究的是公路工程经济费用与经济效益的分析方法,分析方案的经济可行性;财务评价从企业内部角度来分析项目的财务成本和财务效益,分析方案的财务可行性。一般来说,收费公路要进行财务评价。二者的区别体现在以下几方面：

(1)评价的立场和角度不同；

(2)投入的计算内容和方法不同；

(3)产出的计算内容和方法不同；

(4)采用的价格不同；

(5)主要参数不同。

**2. 说明国民经济评价与财务评价的评价指标及评价标准**

**3. 说明国民经济评价理论**

**4. 分析公路工程建设项目经济费用与经济效益的确定方法**

国民经济评价采用的价值尺度是影子价格,所以要掌握公路项目各种投入要素的影子价格确定方法。衡量和估计经济费用,是通过对财务成本作相应的合理调整来实现的,调整中用到转移支付的概念,所以应熟悉哪些费用属于转移支付范围。公路工程项目的经济效益一般通过“有-无”分析法来鉴别,所以还应掌握“有-无“分析法及其与“前-后”对比法的区别。

## 复习思考题

1. 什么是国民经济评价和财务评价?它们有什么区别?
2. 国民经济评价与财务评价的评价指标与评价标准是什么?
3. 什么叫机会成本?
4. 什么叫影子价格?影子价格是如何确定的?
5. 什么叫资金的影子价格?
6. 土地的影子费用如何确定?
7. 有-无分析法与前-后对比法有什么区别?各适用什么情况?
8. 转移支付的概念是什么?公路工程项目国民经济评价中,哪些内容属于转移支付?
9. 经济费用与财务成本有什么不同?
10. 公路工程项目的经济费用由哪几部分组成?如何进行经济费用调整?
11. 什么是公路工程项目的经济效益?哪些效益可定量计算?

# 第五章 敏感性分析与风险分析

**教学要求**

1. 描述项目决策分析的不确定性；
2. 描述敏感性分析的概念和方法；
3. 说明敏感性分析在公路工程中的应用；
4. 描述风险型方案的评价方法。

## 第一节　项目决策分析的不确定性

### 一、不确定性产生的原因

在前面考察投资项目的经济效果时,需要使用各种参数,如工程总投资、工程建设期限、交通量、运输成本、年度营运费用等,这些参数是进行公路工程项目经济分析和评价的基础数据,他们或者来自估计,或者来自预测,带有某种不确定性,不可能与实际情况完全吻合造成这种不确定性的原因主要有:

(1)原始数据的可靠性不够。如在预测交通量的增长率时,所观测的交通量的资料不准。

(2)原始数据太少,不具有代表性。

(3)原始数据的处理方法不当。

(4)所选择的预测模型和预测方案有问题。

(5)国家宏观政策的重大变化。

(6)存在不能计量的因素和未知因素,如通货膨胀等。

(7)各种不可抗力因素。如政治事件、自然灾害的影响。

(8)市场情况的变化,建设资金的短缺等。

当然,还有其他一些影响因素。在项目经济评价中,如果想全面分析这些因素的变化对项目经济效果的影响是十分困难的,因此在实际工作中,往往需要着重分析和把握那些对项目影响大的关键因素,以期取得较好的效果。

### 二、不确定性分析的概念

不确定性的直接后果是使方案经济效果的实际值与评价值相偏离,从而按评价值作出的经济决策带有风险。为了分析不确定因素对经济评价指标的影响,应根据拟建项目的具体情况，分析各种外部条件发生变化或者测算数据误差对方案经济效果的影响程度，以估计项目可能承担不确定性的风险及其承受能力，确定项目在经济上的可靠性，即进行项目投资决策的不确定性分析。

不确定性分析是项目经济评价中的一个重要内容。因为项目评价都是以一些确定的数据为基础，如项目总投资、建设期、年销售收入（年收益）、年经营成本、年利率、设备（项目）残值等指标值，认为它们都是已知的，是确定的，即使对某个指标值所做的估计或预测，也认为是可靠、有效的。但实际上，由于前述各种影响因素的存在，这些指标值与其实际值之间往往存在着差异，这样就对项目评价的结果产生了影响，如果不对此进行分析，仅凭一些基础数据所做的确定性分析为依据来取舍项目，就可能会导致投资决策的失误。比如说，某项目的标准折现率 $i_c$ 定为10%，根据项目基础数据求出的项目的内部收益率为12%，由于内部收益率大于标准折现率，根据方案评价准则自然会认为项目是可行的。但如果凭此就做出投资决策则是欠周到的，因为我们还没有考虑到不确定性问题。如果在项目实施的过程中存在通货膨胀，并且通货膨胀率高于2%，则项目的风险就很大，甚至会变成不可行的。因此，为了有效地减少不确定性因素对项目经济效果的影响，提高项目的风险防范能力，进而提高项目投资决策的科学性和可靠性，除对项目进行确定性分析以外，还很有必要对项目进行不确定性分析。

### 三、不确定性分析的方法

公路工程不确定性经济分析方法主要有盈亏平衡分析、敏感性分析和风险分析。在具体应用时，要在综合考虑项目的类型、特点，决策者的要求，相应的人力、财力，以及项目对国民经济的影响程度等条件下来选择。一般来讲，盈亏平衡分析只适用于项目的财务评价，而敏感性分析和风险分析分析则可同时用于财务评价和国民经济评价。盈亏平衡分析在本书第二章已进行了讨论，本章主要介绍敏感性分析和风险分析。

## 第二节 敏感性分析及其应用

### 一、敏感性分析的概念

投资项目评价中的敏感性分析，是在确定性分析的基础上，通过进一步分析、预测项目主要不确定因素的变化对项目评价指标（如内部收益率、净现值等）的影响，从中找出敏感因素，确定评价指标对该因素的敏感程度和项目对其变化的承受能力。

一个项目在其建设与生产经营的过程中，由于项目内外部环境的变化，许多因素都会发生变化。一般将产品价格、产品成本、产品产量（生产负荷）、主要原材料价格、建设投资、工期、汇率等作为考察的不确定因素。道路工程项目的不确定性因素通常有初始投资、交通量（或运输周转量）、运输成本、项目寿命期及期末残值、贷款利率（或折现率）、日常养护管理费用（包括大、中修费用）等。敏感性分析不仅可以使决策者了解不确定因素对评价指标的影响，从而提高决策的准确性，还可以启发评价者对那些较为敏感的因素重新进行分析研究，以提高预测的可靠性。

敏感性分析有单因素敏感性分析和多因素敏感性分析两种。

单因素敏感性分析是对单一不确定因素变化的影响进行分析,即假设各不确定性因素之间相互独立,每次只考察一个因素,其他因素保持不变,以分析这个可变因素对经济评价指标的影响程度和敏感程度。单因素敏感性分析是敏感性分析的基本方法。

多因素敏感性分析是对两个或两个以上互相独立的不确定因素同时变化时,分析这些变化的因素对经济评价指标的影响程度和敏感程度。

## 二、敏感性分析的步骤

单因素敏感性分析一般按以下步骤进行:

**1. 确定分析指标**

分析指标的确定,一般是根据项目的特点、不同的研究阶段、实际需求情况和指标的重要程度来选择,与进行分析的目标和任务有关。

如果主要分析方案状态和参数变化对方案投资回收快慢的影响,则可选用投资回收期作为分析指标;如果主要分析产品价格波动对方案超额净收益的影响,则可选用净现值作为分析指标;如果主要分析投资大小对方案资金回收能力的影响,则可选用内部收益率指标等。

如果在机会研究阶段,主要是对项目的设想和鉴别,确定投资方向和投资机会,此时,各种经济数据不完整,可信程度低,深度要求不高,可选用静态的评价指标,常采用的指标是投资收益率和投资回收期。如果在初步可行性研究和工程可行性研究阶段,已进入了可行性研究的实质性阶段,经济分析指标则需选用动态的评价指标,常用净现值、内部收益率,通常还辅之以投资回收期。

由于敏感性分析是在确定性经济分析的基础上进行的,一般而言,敏感性分析的指标应与确定性经济评价指标一致,不应超出确定性经济评价指标范围而另立新的分析指标。当确定性经济评价指标比较多时,敏感性分析可以围绕其中一个或若干个最重要的指标进行。

**2. 选择需要分析的不确定性因素**

影响项目经济评价指标的不确定性因素很多,严格说来,影响方案经济效果的因素都在某种程度上带有不确定性。但事实上没有必要对所有的不确定因素都进行敏感性分析,而往往是选择一些主要的影响因素。选择需要分析的不确定性因素时主要考虑以下两条原则:第一,预计这些因素在其可能变动的范围内对经济评价指标的影响较大;第二,对在确定性经济分析中采用的该因素的数据的准确性把握不大。

由于交通量与运输成本用于计算道路建设项目的年收益,而日常养护管理费用就是项目的年成本。因此,建设项目的不确定性因素一般为:初始投资、年收益、年成本、项目寿命期、期末残值、贷款利率。对于具体情况,应作具体分析。例如,在项目财务评价中,贷款利率可能是敏感因素,但在国民经济评价中采用的却是社会折现率。公路建设项目经济评价计算年限(即寿命期)为建设年限加投入使用后的预测年限,投入使用后的预测年限原则上按 20 年计算,对于高等级公路,寿命期较长,一般不作为不确定性因素,对于低等级公路,寿命期较短,有可能因交通量的变化而使寿命期发生变化,故可将寿命期作为不确定因素。

**3. 分析每个不确定性因素的波动程度及其对分析指标可能带来的增减变化情况**

首先,对所选定的不确定性因素,应根据实际情况设定这些因素的变动幅度,其他因素固定不变。因素的变化可以按照一定的变化幅度(如 ±5%、±10%、±20% 等)改变其数值。

其次,计算不确定性因素每次变动对经济评价指标的影响。

对每一因素的每一变动,均重复以上计算,然后将因素变动及相应指标变动结果用表或图的形式表示出来,以便于测定敏感因素。

从图 5-1 可知,图中每一条斜线的斜率反映经济评价指标对该不确定因素的敏感程度,斜率越大,敏感度越高。一张图可以同时反映多个因素的敏感性分析结果。每条斜线与横轴的相交点所对应的不确定因素变化率即为该因素的临界点。这个临界点表明方案经济效果评价指标达到最低要求所允许的最大变化幅度。如果不确定性因素变化超过了这个临界点,则方案由可行变成不可行。将临界点与未来实际可能发生的变化幅度相比较,就可大致分析该项目的风险情况。

**4. 确定敏感性因素**

由于各因素的变化都会引起经济指标一定的变化,但其影响程度却各不相同。有些因素可能仅发生较小幅度的变化就能引起经济评价指标发生大的变动,而另一些因素即使发生了较大幅度的变化,对经济评价指标的影响也不是太大。我们将前一类因素称为敏感性因素,后一类因素称为非敏感性因素。敏感性分析的目的在于寻求敏感因素。根据分析问题的目的不同,一般可通过两种方法来确定敏感性因素。

(1)相对测定法。即设定要分析的因素均从确定性经济分析中所采用的数值开始变动,且各因素每次变动的幅度(增或减的百分数)相同,比较在同一变动幅度下各因素的变动对经济评价指标的影响,据此判断方案经济评价指标对各因素变动的敏感程度。反映敏感程度的指标是敏感系数(又称灵敏度),是衡量变量因素敏感程度的一个指标。其数学表达式为:

$$\text{敏感系数}(\beta)=\frac{\text{评价指标值变动百分比}}{\text{不确定因素变动百分比}}\frac{\Delta Yj}{\Delta Fi} \tag{5-1}$$

$$\Delta Y_{\mathrm{j}}=\frac{Y_{\mathrm{j1}}-Y_{\mathrm{jo}}}{Y_{\mathrm{jo}}} \tag{5-2}$$

式中:$\Delta F_{\mathrm{i}}$——第 $i$ 个不确定性因素的变化幅度(变化率);

$\Delta Y_{\mathrm{j}}$——第 $j$ 个指标受变量因素变化影响的差额幅度(变化率);

$Y_{\mathrm{j1}}$——第 $j$ 个指标受变量因素变化影响后所达到的指标值;

$Y_{\mathrm{jo}}$——第 $j$ 个指标未受变量因素变化影响时的指标值。

根据不同因素相对变化对经济评价指标影响的大小,可以得到各个因素的敏感性程度排序,据此可以找出哪些因素是最关键的因素。

(2)绝对测定法。即假定要分析的因素均向只对经济评价指标产生不利影响的方向变动,并设该因素达到可能的最差值,然后计算在此条件下的经济评价指标,如果计算出的经济评价指标已超过了项目可行的临界值,从而改变了项目的可行性,则表明该因素是敏感因素。

在实践中,可以把确定敏感性因素的两种方法结合起来使用。方案能否接受的标准是各经济评价指标是否达到临界值。例如,使用净现值指标要看净现值是否大于或等于零,使用内部收益率指标要看内部收益率是否达到基准折现率。绝对测定法的一个变通方式是先设定有关经济评价指标为其临界值,如令净现值等于零、令内部收益率等于基准折现率,然后分析因素的最大允许变动幅度,并与其可能出现的最大变动幅度相比较。如果某因素可能出现的变动幅度超过最大允许变动幅度,则表明该因素是方案的敏感因素。

## 三、单因素敏感性分析

【例5-1】 某投资方案设计年生产能力为10万台，计划总投资为1200万元，期初一次性投入，预计产品价格为35元/台，年经营成本为140万元，方案寿命期为10年，到期时预计设备残值收入为80万元，基准折现率为10%，试就投资额、单位产品价格、经营成本等影响因素对该投资方案进行敏感性分析。

**解**：选择净现值为敏感性分析的对象，根据净现值的计算公式，可计算出项目在初始条件下的净现值。

$$NPV_0 = -1200 + (35\times10-140)(P/A,10\%,10) + 80(P/F,10\%,10)$$
$$=121.21(\text{万元})$$

由于 $NPV_0>0$，该项目是可行的。

以下对项目进行敏感性分析。

取定3个因素：投资额、产品价格和经营成本，然后令其逐一在初始值的基础上按±10%、±20%的幅度变化。分别计算相对应的净现值的变化情况，得出结果如表5-1及图5-1所示。

单因素敏感性分析表(单位:万元) 表5-1

| 变化幅度 / 项目 | -20% | -10% | 0 | 10% | 20% | 平均+1% | 平均-1% |
|---|---|---|---|---|---|---|---|
| 投资额 | 361.21 | 241.21 | 121.21 | 1.21 | -118.79 | -9.90% | 9.90% |
| 产品价格 | -308.91 | -93.85 | 121.21 | 336.28 | 551.34 | 17.75% | -17.75% |
| 经营成本 | 293.26 | 207.24 | 121.21 | 35.19 | -50.83 | -7.10% | 7.10% |

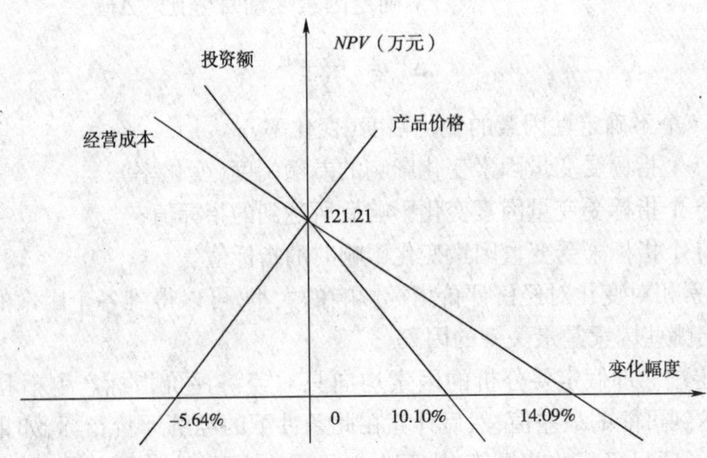


图5-1 单因素敏感性分析图

由表5-1和图5-1可以看出，在各个变量因素变化率相同的情况下，产品价格的变动对净现值的影响程度最大，当其他因素均不发生变化时，产品价格每下降1%，净现值下降17.75%，并且还可以看出，当产品价格下降幅度超过5.64%时，净现值将由正变负，也即项目由可行变为不可行。对净现值影响较大的因素是投资额，当其他因素均不发生变化时，投资额每增加1%，净现值将下降9.90%，当投资额增加的幅度超过10.10%时，净现值由正变负，项目变为不可行。对净现值影响最小的因素是经营成本,在其他因素均不发生变化的情况下,经营成本每上升 1%,净现值下降 7.10%,当经营成本上升幅度超过 14.09% 时,净现值由正变负,项目变为不可行。由此可见,按净现值对各个因素的敏感程度来排序,依次是:产品价格、投资额、经营成本,最敏感的因素是产品价格。

因此,从方案决策的角度来讲,应该对产品价格进行进一步更准确的测算,因为从项目风险的角度来讲,如果未来产品价格发生变化的可能性较大,则意味着这一投资项目的风险性亦较大。

## 四、多因素敏感性分析

单因素敏感性分析虽然对于项目分析中不确定因素的处理是一种简便易行、有效实用的变化方法,但它是以假定其他因素不变为前提,而这种假定条件在实际经济活动中是很难实现的。因为各种因素的变动都存在着相关性,一个因素的变动往往引起其他因素也随之变动。比如固定资产投资的变化可能导致设备残值的变化;产品价格的变化可能引起需求量的变化,从而引起市场销售量的变化等。所以,在分析经济效益受多种因素同时变化的影响时,要用多因素敏感性分析,使之更接近于实际过程。

多因素敏感性分析由于要考虑可能发生的各种因素不同变动情况的多种组合,因此,计算起来要比单因素敏感性分析复杂得多,一般可采用解析法和做图法相结合的方法进行。当同时变化的因素不超过 3 个时,一般可采用作图法;当同时变化的因素超过 3 个时,就只能采用解析法。

双因素敏感性分析是指保持投资方案现金流量中其他因素不变,每次考察两个因素同时变化对方案效果的影响。双因素敏感性分析一般是在单因素敏感性分析的基础上进行的,即首先通过单因素敏感性分析确定出两个关键因素,然后用作图法来分析两个因素同时变化时对投资效果的影响。

**【例 5-2】** 根据上例的数据,对该投资方案进行双因素的敏感性分析。

**解:**根据上例的计算结果,产品价格和投资额是影响方案投资效果的两个敏感因素。下面就这两个因素进行敏感性分析。

设 $x$ 表示投资额变化的百分率,$y$ 表示产品价格变化的百分率,则净现值可表示为:

$$NPV = (-1200)\times(1+x) + [35\times(1+y)\times10-140](P/A,10\%,10)+80(P/F,10\%,10)$$
$$=121.21-1200x+2150.6y$$

如果 $NPV\geqslant0$,则有 $y\geqslant0.56x-0.06$。

将上述不等式绘成图形,就得到双因素敏感性分析图,如图 5-2 所示。

从图 5-2 中可以看出,$y=0.56x-0.06$ 为 $NPV=0$ 的临界线,在临界线的左上方的区域表示 $NPV>0$,在临界线右下方的区域表示 $NPV<0$。在各个正方形内净现值小于零的面积所占整个正方形面积的比例反映了因素在此范围内变动时方案风险的大小。比如在 ±10% 的区域内,净现值小于零的面积大约占整个正方形面积的 20% 左右,这就表明当投资额和产品价格在 ±10% 的范围内同时变化时,方案盈利的可能性在 80% 左右,出现亏损的可能性大约在 20% 左右。

综上所述,敏感性分析是项目经济评价时经常用到的一种方法,它在一定程度上定量描述了不确定因素的变动对项目投资效果的影响,有助于鉴别敏感因素,从而能够及早排除那些无足轻重的变动因素,把进一步深入调查研究的重点集中在那些敏感因素上,或者针对敏感因素制定出管理和应变对策,以达到尽量减少风险、增加决策可靠性的目的。但敏感性分析也有局

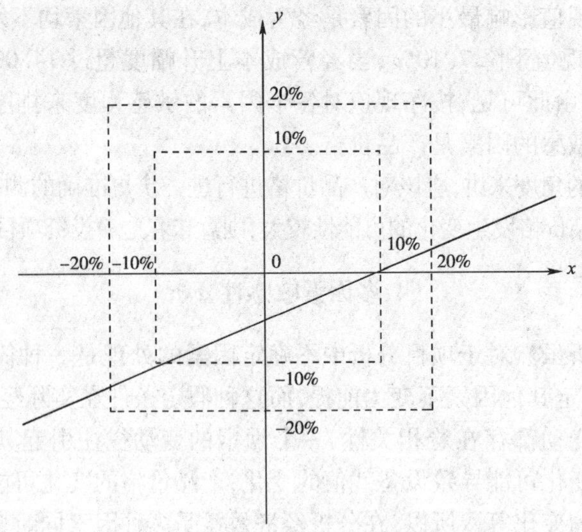


图 5-2 双因素敏感性分析图

限性，它不能说明不确定因素发生变动的可能性是大还是小，也就是没有考虑不确定因素在未来发生变动的概率，而这种概率是与项目的风险大小密切相关的。我们经常会碰到这样的情况，某些因素虽然可能是敏感因素，但在未来发生不利变动的可能性很小，实际上给项目带来的风险并不大；而另外有一些因素，虽然它们不太敏感，不是敏感因素，但由于它们在未来发生不利变化的可能性很大，因而实际上给项目带来的风险可能比敏感因素还要大。对于此类问题，敏感性分析是无法解决的，这要借助于风险分析来解决。

## 五、敏感性分析在公路工程中的应用示例

**示例一：**某项目投资方案初始投资 400 万元，每年效益为 91.667 万元，每年养护成本为 5 万元，寿命期为 10 年，不计残值，基准折现率为 10%。试对该方案进行敏感性分析。

**解：**首先考虑单因素敏感性分析情况，用 $K$ 表示初始投资，$B$ 表示年效益，$C$ 表示年成本，则方案的净现值为：

$$NPV = -K + (B - C)\frac{1-(1+i)^{-n}}{i} = -400 + (91.667 - 5)\frac{1-1.1^{-10}}{0.1}$$

$$= 132.53\text{（万元）}$$

同样可算得方案的内部收益率为 $IRR = 17.3\%$。所以该方案是可行的。

本例中，年成本较小，其变化产生的影响也小，不单独作为变化因素考虑。初定初始投资 $K$、年净效益 $(B-C)$、折现率 $i$ 及寿命期 $n$ 为不确定因素，以 $NPV$ 为评价指标进行单因素敏感性分析。

当仅有初始投资 $K$ 变化为 $x$ 时：

$$NPV = -400(1+x) + (91.667 - 5)\frac{1-1.1^{-10}}{0.1}$$

当仅有净效益 $(B-C)$ 变化为 $x$ 时：

$$NPV = -400 + 86.667(1+x)\frac{1-1.1^{-10}}{0.1}$$

当仅有基准折现率 $i$ 发生变化为 $x$ 时：

$$NPV = -400 + 86.667 \frac{1 - [1 + 0.1(1+x)]^{-10}}{0.1(1+x)}$$

当仅有寿命期 $n$ 发生变化为 $x$ 时：

$$NPV = -400 + 86.667 \frac{1 - 1.1^{-10(1+x)}}{0.1}$$

当 $x$ 以20%的幅度分别变化至±80%时，根据上述各式求得的净现值见表5-2。由表中数字可见，净效益和初始投资是本项目的敏感因素。寿命期也可作为一个敏感因素，但其作用不如前两个明显。各因素的可接受变化范围较大，因此该项目具有较强的抗风险能力。

**不确定因素对 *NPV* 的影响**（单位：万元） 表5-2

| 变化因素 | 变化幅度 | | | | | | | | |
|---|---|---|---|---|---|---|---|---|---|
| | -80% | -60% | -40% | -20% | 0 | 20% | 40% | 60% | 80% |
| 投资 | 452.53 | 372.53 | 292.53 | 212.53 | 132.53 | 52.53 | -27.47 | -107.47 | -187.47 |
| 净效益 | -293.49 | -186.99 | -80.48 | 26.03 | 132.53 | 239.04 | 345.54 | 452.05 | 558.56 |
| 折现率 | 378.49 | 302.95 | 237.88 | 181.54 | 132.53 | 89.69 | 52.07 | 18.88 | -10.51 |
| 寿命 | -249.59 | -125.28 | -22.54 | 62.36 | 132.53 | 190.52 | 238.45 | 278.06 | 310.79 |

其次，再考虑多因素敏感性分析情况。多因素的同时变化，对经济评价指标的影响是综合性的，计算起来要复杂得多，为简化分析，常采用最不利-最有利组合法进行。

一个不确定因素取最不利或最有利的变化值时，对经济评价指标的影响最显著，也是最有意义的。将一个或多个连续变化的不确定因素作离散处理，分别取每个因素的最不利变化值、中间值及最有利变化值进行组合，并计算各种因素组合下对方案经济评价指标的影响程度，这种方法就称为最不利-最有利组合法。在本例中，若初始投资、年净效益及寿命期的最大变动幅度估计为±20%，那么可算得3个不确定因素的最不利变化值、中间值及最有利变化值见表5-3。此时因素组合及相应的净现值见表5-4所列，共有27种组合。最不利组合时的净现值为-110.11万元，最有利组合时的净现值为388.63万元。

**因素变化值** 表5-3

| 因素变化情况 | 投资（万元） | 年净效益（万元） | 寿命（年） |
|---|---|---|---|
| 最不利 | 480 | 69.334 | 8 |
| 中间值 | 400 | 86.667 | 10 |
| 最有利 | 320 | 104.000 | 12 |

**净现值的敏感性分析** 表5-4

| 投资（万元） | 年净效益（万元） | | | | | | | | |
|---|---|---|---|---|---|---|---|---|---|
| | 最不利 | | | 中间值 | | | 最有利 | | |
| | 寿命期 | | | | | | | | |
| | 最不利 | 中间值 | 最有利 | 最不利 | 中间值 | 最有利 | 最不利 | 中间值 | 最有利 |
| 最不利 | -110.11 | -53.98 | -7.58 | -17.64 | 52.53 | 110.52 | 74.83 | 159.04 | 228.63 |
| 中间值 | -30.11 | 26.02 | 72.42 | 62.36 | 132.53 | 190.52 | 154.83 | 239.04 | 308.63 |
| 最有利 | 49.89 | 106.02 | 152.42 | 142.36 | 212.53 | 270.52 | 234.83 | 319.04 | 388.63 |

如果能给出各因素发生各种变化情况时的概率，并计算出各种因素组合发生的概率，便可对方案的风险情况作出精确的描述。若在此暂认为每一因素出现各种变化值的可能性都是相等的，即均为1/3，则每一个因素组合出现的可能性均为1/27（假定各个因素的发生与否与其他因素无关），因此，方案净现值小于零的可能性等于净现值小于零的因素组合的可能性之和。

由表5-4，计算出投资方案净现值小于零的可能性为5×1/27，即18.52%，则方案净现值大于零的可能性为81.48%，方案最有可能出现的净现值为128.47万元。因此，该方案的风险较小，是值得投资的。

**示例二：**某高速公路项目根据调整后的费用及效益，进行国民经济评价，基准折现率为12%，评价过程见国民经济效益费用流量表（表5-5）。由于经济评价所用的参数有的来自投资估算，有的来自预测，因此，很难做到所有参数都较准确，不排除这些参数变动的可能性。公路建设项目可能发生的变化因素主要有公路造价、交通量、运营成本等，这些因素的变化会使项目的经济效益和成本提高或减低，故对效益及成本的变化引起的经济评价指标的变化作敏感性分析。本项目按费用、效益各变动10%、20%的各种不同情况进行敏感性分析。当费用上升20%，效益不变时，敏感性分析见表5-6；同样可得其他情况下分析结果。项目国民经济敏感性分析结果见表5-7。根据敏感性分析，即使在费用上升20%、效益下降20%的最不利情况下，各项指标仍然较好，内部收益率仍达12.22%，高于12%的基准值。根据国民经济评价结果，项目在经济上是可行的。

**项目国民经济效益费用流量表**（全部投资）（单位：万元）

表5-5

| 序号 | | 1 | 1.1 | 1.2 | 1.3 | 2 | 3 | 4 | 5 |
|---|---|---|---|---|---|---|---|---|---|
| | | 费用流量 | 建设费用 | 运营费用 | 残值 | 效益流量 | 净效益流量 | 净效益流量现值 | 累计净效益流量现值 |
| 建设期 | 2000 | 19183 | 19183 | | | | -19183 | -19183 | -19183 |
| | 2001 | 129487 | 129487 | | | | -129487 | -115614 | -134797 |
| | 2002 | 124691 | 124691 | | | | -124691 | -99403 | -234200 |
| | 2003 | 131593 | 131593 | | | | -131593 | -93666 | -327866 |
| 运营期 | 2004 | 4007 | | 4007 | | 63704 | 59697 | 37938 | -289927 |
| | 2005 | 3807 | | 3807 | | 69389 | 65582 | 37213 | -252714 |
| | 2006 | 3807 | | 3807 | | 75483 | 71676 | 36313 | -216401 |
| | 2007 | 3807 | | 3807 | | 82012 | 78205 | 35376 | -181025 |
| | 2008 | 3807 | | 3807 | | 89003 | 85196 | 34409 | -146616 |
| | 2009 | 3807 | | 3807 | | 96488 | 92680 | 33421 | -113194 |
| | 2010 | 3807 | | 3807 | | 104497 | 100689 | 32419 | -80775 |
| | 2011 | 3807 | | 3807 | | 108363 | 104556 | 30057 | -50718 |
| | 2012 | 3807 | | 3807 | | 112292 | 108484 | 27845 | -22873 |
| | 2013 | 17178 | | 17178 | | 70293 | 53115 | 12173 | -10700 |
| | 2014 | 3807 | | 3807 | | 122211 | 118404 | 24228 | 13528 |
| | 2015 | 3807 | | 3807 | | 127457 | 123649 | 22590 | 36118 |
| | 2016 | 3807 | | 3807 | | 132898 | 129091 | 21057 | 57175 |

续上表

| 序号 | | 1 | 1.1 | 1.2 | 1.3 | 2 | 3 | 4 | 5 |
|---|---|---|---|---|---|---|---|---|---|
| | | 费用流量 | 建设费用 | 运营费用 | 残值 | 效益流量 | 净效益流量 | 净效益流量现值 | 累计净效益流量现值 |
| 运营期 | 2017 | 3807 | | 3807 | | 138542 | 134735 | 19623 | 76799 |
| | 2018 | 3807 | | 3807 | | 144395 | 140588 | 18282 | 95081 |
| | 2019 | 3807 | | 3807 | | 150465 | 146658 | 17028 | 112109 |
| | 2020 | 3807 | | 3807 | | 156759 | 152951 | 15856 | 127965 |
| | 2021 | 17178 | | 17178 | | 96777 | 79599 | 7368 | 135332 |
| | 2022 | 3807 | | 3807 | | 165841 | 162033 | 13391 | 148723 |
| | 2023 | 3807 | | 3807 | -202478 | 169539 | 368209 | 27169 | 175892 |

经济净现值(*ENPV*) = 175892(万元)

经济效益费用比(*EBCR*) = 1.61

经济内部收益率(*EIRR*) = 17.33%

经济投资回收期(*N*) = 14.4(年)(含建设期)

**项目国民经济敏感性分析表**(单位:万元)(费用上升20%,效益不变)　表5-6

| 序号 | | 1 | 1.1 | 1.2 | 1.3 | 2 | 3 | 4 | 5 |
|---|---|---|---|---|---|---|---|---|---|
| | | 费用流量 | 建设费用 | 运营费用 | 残值 | 效益流量 | 净效益流量 | 净效益流量现值 | 累计净效益流量现值 |
| 建设期 | 2000 | 23020 | 23020 | | | | -23020 | -23020 | -23020 |
| | 2001 | 155384 | 155384 | | | | -155384 | -138737 | -161756 |
| | 2002 | 149629 | 149629 | | | | -149629 | -119283 | -281039 |
| | 2003 | 157912 | 157912 | | | | -157912 | -112398 | -393437 |
| 运营期 | 2004 | 4808 | | 4808 | | 63704 | 58896 | 37430 | -356008 |
| | 2005 | 4568 | | 4568 | | 69389 | 64821 | 36781 | -319227 |
| | 2006 | 4568 | | 4568 | | 75483 | 70915 | 35927 | -283229 |
| | 2007 | 4568 | | 4568 | | 82012 | 77444 | 35032 | -248268 |
| | 2008 | 4568 | | 4568 | | 89003 | 84435 | 34059 | -214208 |
| | 2009 | 4568 | | 4568 | | 96488 | 91920 | 33147 | -181061 |
| | 2010 | 4568 | | 4568 | | 104497 | 99929 | 32147 | -148887 |
| | 2011 | 4568 | | 4568 | | 108363 | 103795 | 29839 | -119048 |
| | 2012 | 4568 | | 4568 | | 112292 | 107724 | 27650 | -91398 |
| | 2013 | 20614 | | 20614 | | 70293 | 49679 | 11385 | -80013 |
| | 2014 | 4568 | | 4568 | | 122211 | 117643 | 24072 | -55941 |
| | 2015 | 4568 | | 4568 | | 127457 | 122889 | 22452 | -33489 |
| | 2016 | 4568 | | 4568 | | 132898 | 128330 | 20933 | -12556 |
| | 2017 | 4568 | | 4568 | | 138542 | 133974 | 15493 | 2937 |

续上表

| 序号 | | 1<br>费用流量 | 1.1<br>建设费用 | 1.2<br>运营费用 | 1.3<br>残值 | 2<br>效益流量 | 3<br>净效益流量 | 4<br>净效益流量现值 | 5<br>累计净效益流量现值 |
|---|---|---|---|---|---|---|---|---|---|
| 运营期 | 2018 | 4568 | | 4568 | | 144395 | 139827 | 18183 | 21120 |
| | 2019 | 4568 | | 4568 | | 150465 | 145879 | 16940 | 38060 |
| | 2020 | 4568 | | 4568 | | 156759 | 152191 | 15778 | 53838 |
| | 2021 | 20614 | | 20614 | | 96777 | 76163 | 7050 | 60887 |
| | 2022 | 4568 | | 4568 | | 165841 | 161273 | 13328 | 74215 |
| | 2023 | 4568 | | 4568 | −242973 | 169539 | 407944 | 30102 | 104317 |
| 经济净现值(*ENPV*) = 104317(万元)<br>经济效益费用比(*EBCR*) = 1.35<br>经济内部收益率(*EIRR*) = 14.94%<br>经济投资回收期(*N*) = 17.8(年)(含建设期) | | | | | | | | | |

**项目国民经济敏感性分析结果(全部投资)** 表5-7

| 效益变动 \ 费用变动 | | −20% | −10% | 0% | 10% | 20% |
|---|---|---|---|---|---|---|
| −20% | *ENPV*(万元) | 138768 | 105981 | 73195 | 40408 | 7622 |
| | *EBCR* | 1.60 | 1.43 | 1.29 | 1.18 | 1.08 |
| | *EIRR*(%) | 17.22 | 15.67 | 14.35 | 13.21 | 12.22 |
| | *N*(年) | 14.6 | 16.5 | 18.6 | 21.1 | 23.7 |
| −10% | *ENPV*(万元) | 190117 | 157330 | 124544 | 91757 | 58971 |
| | *EBCR* | 1.80 | 1.61 | 1.45 | 1.32 | 1.22 |
| | *EIRR*(%) | 18.93 | 17.28 | 15.88 | 14.67 | 13.62 |
| | *N*(年) | 12.6 | 14.5 | 16.1 | 17.9 | 20.0 |
| 0% | *ENPV*(万元) | 241466 | 208679 | 175892 | 143106 | 110319 |
| | *EBCR* | 2.00 | 1.79 | 1.61 | 1.47 | 1.35 |
| | *EIRR*(%) | 20.56 | 18.81 | 17.33 | 16.06 | 14.94 |
| | *N*(年) | 11.5 | 12.6 | 14.4 | 15.9 | 17.4 |
| 10% | *ENPV*(万元) | 292814 | 260028 | 227241 | 194455 | 161668 |
| | *EBCR* | 2.20 | 1.96 | 1.77 | 1.62 | 1.49 |
| | *EIRR*(%) | 22.11 | 20.27 | 18.71 | 17.37 | 16.20 |
| | *N*(年) | 10.7 | 11.7 | 12.7 | 14.4 | 15.6 |
| 20% | *ENPV*(万元) | 344163 | 311377 | 278590 | 245804 | 213017 |
| | *EBCR* | 2.40 | 2.14 | 1.94 | 1.76 | 1.62 |
| | *EIRR*(%) | 23.60 | 21.67 | 20.04 | 18.63 | 17.41 |
| | *N*(年) | 10.1 | 10.9 | 11.8 | 12.8 | 14.3 |

# ●*第三节　风险分析及风险型方案评价●

## 一、不确定性与风险的关系

在经济活动中,“风险”是一个被人们广泛运用的概念。说到风险,自然联想到不确定性。风险分析也往往被看作不确定性分析,与不确定性既有紧密的联系,又有区别。两者的关系可归纳为以下几个方面:

**1. 不确定性是风险的起因**

人们对未来事物认识的局限性,可获信息的不完备性以及未来事物本身的不确定性,使得未来经济活动的实际结果偏离预期目标,这就形成了经济活动结果的不确定性,从而使经济活动的主体可能得到高于或低于预期的效益,甚至遭受一定的损失,导致经济活动“有风险”。

**2. 不确定性与风险相伴而生**

正是由于不确定性是风险的起因,不确定性与风险总是相伴而生。如果不是从定义上去刻意区分,往往会将他们混为一谈。即使从理论上刻意区分,实践中这两个名词也常混合使用。

**3. 不确定性与风险的区别**

不确定性的结果可以优于预期,也可能低于预期,而普遍的认识是将结果可能低于预期,甚至遭受损失称为“有风险”。还可以用是否得知发生的可能性来区分不确定性与风险,即不知发生的可能性时,称之为不确定性;而已知发生的可能性,就称之为有风险。

**4. 投资项目的不确定性与风险**

在经济活动中,风险是不以人们意志为转移地客观存在着,投资项目也不例外。尽管在投资项目的决策分析与评价的全过程中已尽可能对基本方案的方方面面进行了详尽的研究,但由于预测结果的不确定性,项目经营的将来状况会与设想状况发生偏离,项目实施后的实际结果可能与预测的基本方案结果产生偏差,有可能使实际结果低于预期,因而使投资项目面临潜在的风险。

## 二、风 险 分 析

**1. 风险分析在项目决策分析中的重要地位**

投资项目不但要耗费大量资金、物资和人力等宝贵资源,且具有一次性和固定性的特点,一旦建成,难于更改。因此相对于一般经济活动而言,投资项目的风险尤为值得关注。尽管如此,只要能在决策前正确地认识到相关的风险,并在实施过程中加以控制,大部分风险又是可以降低和防范的。正是基于降低和防范投资项目风险的目的,在投资项目前期工作中有必要加强风险分析。

投资项目的决策分析与评价旨在为投资决策服务,如果忽视风险的存在,仅仅依据基本方案的预期结果(如某项经济评价指标达到可接受水平)来简单决策,就有可能蒙受损失,多年来项目建设的历史经验证明了这一点。随着投融资体制改革和现代企业制度的建立,各投资主体也开始产生了对如何认识风险和规避风险的主观需求。因此在项目决策分析与评价阶段应进行风险分析，投资决策时应充分考虑风险分析的结果，项目实施和经营中应注意风险防范和控制。一方面可以避免因在决策中忽视风险的存在而蒙受损失，另一方面还可为项目全过程风险管理打下基础。

风险分析的另一重要功能还在于它有助于通过信息反馈，改善决策分析工作并提请项目各方提高风险意识，在投资决策中充分重视风险分析的结果。在降低投资项目风险方面起到事半功倍的效果。

**2. 风险因素的识别**

风险因素识别首先要认识和确定项目究竟可能会存在哪些风险因素，这些风险因素会给项目带来什么影响，具体原因又是什么。同时结合风险程度的估计，得知项目的主要风险因素。

风险因素识别应注意借鉴历史经验，特别是后评价的经验。同时可运用“逆向思维”方法来审视项目，寻找可能导致项目“不可行”的因素，以充分揭示项目的风险来源。

风险识别常用的方法有：

(1)资料分析法。根据类似项目的历史资料寻找对项目有决定性影响的关键风险因素。

(2)专家调查法。根据对拟建设项目所在行业的市场需求、生产技术状况、发展趋势等的全面了解，并在专家调查、定性分析的基础上，确定关键风险因素。

(3)敏感性分析法。根据敏感性分析的结果，将那些最为敏感的因素作为关键风险因素。

**3. 常见风险因素的归纳**

1)市场方面的风险因素

市场风险是竞争性项目常遇到的重要风险。它的损失主要表现在项目产品销路不畅，产品价格低迷等，以至产量和销售收入达不到预期的目标。通常市场风险主要来自3个方面：一是市场供求总量的实际情况与预测值有偏差；二是项目产品缺乏市场竞争能力；三是实际价格与预测价格的偏差。

2)技术方面的风险因素

在投资项目决策分析与评价中，虽然对拟采用技术的先进性、可靠性、适用性和可得性进行了必要的论证分析，选定了认为合适的技术。但是，由于各种主观和客观原因，仍然可能会发生预想不到的问题，使投资项目遭受风险损失。对高新技术开发项目，还必须考察技术的成熟度以及技术更新速度，因此这类项目面临的技术风险要高于一般项目。有些项目，技术的可得性也可能成为一种风险因素。另外，工艺技术与原料的匹配问题也是应考察的风险因素。

3)资源方面的风险因素

在投资项目决策分析与评价阶段，对地下的资源和地质结构情况尽管有所依据，但限于技术能力的局限性，对地下情况有可能认识不足，成为项目的风险源。主要体现在以下几个方面：

对于矿山、油气开采等资源开发项目来说，资源因素是个很重要的风险因素。在投资项目决策分析与评价阶段，矿山和油气开采等项目的设计规模，一般是根据国家批准的地质储量设计的，对于地质结构比较复杂的地区，加上受勘探技术、时间和资金的限制，实际储量可能会有较大的出入，致使矿山和油气开采等项目产量降低、开采成本过高或者寿命缩短，造成巨大的经济损失。

在水资源短缺地区建设项目，或者项目本身耗水量大，水资源风险因素应予重视。水资源风险因素细分起来可能有水资源勘察不明、气候不正常等因素的影响。对于某些水利项目和农业灌溉项目还可能有水资源分配问题。

对于制造业或某些基础设施项目，外购原材料和燃料的来源存在可靠性风险问题，主要是供应量和价格两个方面，特别是对于大宗原材料和燃料，这种影响更显重要。对于大宗原材料和燃料，运输条件的保障程度也可能是风险因素之一。

4)工程方面的风险因素

对于矿山、公路、铁路、港口、水库以及部分加工业项目，工程地质或水文地质情况十分重要。但限于技术水平有可能勘探不清，致使在项目的生产运营甚至施工中就出现问题，造成经济损失。因此在地质情况复杂的地区，应慎重对待这方面的风险因素。

5)投资方面的风险因素

投资项目的经济效益与投资大小密切相关。因此，投资方面的风险因素对项目至关重要。这方面的风险因素可以细分为由于工程量预计不足或设备材料价格上升导致投资估算不能满足需要；由于计划不周或外部条件等因素导致建设工期拖延；外汇汇率不利变化导致投资增加等。这其中有人为因素也有客观因素，应予仔细识别。

6)融资方面的风险因素

投资项目的经济效益与项目的融资成本有关，凡影响融资成本的因素都应仔细识别，如贷款利率升高或融资结构未能如愿导致融资成本升高等。资金来源的可靠性、充足性和及时性，也是应予考虑的因素。

7)配套条件的风险因素

投资项目需要的外部配套设施，如供水排水、供电供汽、公路铁路、港口码头以及上下游配套等，在投资项目决策分析与评价中虽都作了考虑，但是，实际上仍然可能存在外部配套设施没有如期落实的问题，致使投资项目不能发挥应有效益，从而带来风险。

8)外部环境风险因素

对于某些项目，外部环境因素也是风险因素之一，包括自然环境、经济环境和社会环境因素的影响，个别项目还涉及政策因素和政治因素。例如，向海外某些发展中国家投资的项目就应重视政治风险因素。

9)其他风险因素

对于某些项目，还要考虑其特有的风险因素。例如，对于中外合资项目，要考虑合资对象的法人资格和资信问题，还有合作的协调性问题；对于农业投资项目，还要考虑因气侯、土壤、水利等条件的变化对收成不利影响的风险因素等。

**4. 风险评价主要内容**

尽管每一个风险都有其自身的规律和特点、影响范围和影响量，但可以通过分析，将它们的影响统一为成本目标的形式，以货币单位来度量。风险评价的主要内容包括：

(1)风险存在和发生的时间分析。即风险在项目的哪个阶段、哪个环节中发生。许多风险有明显的阶段性，有的风险直接与具体的工程活动相联系。这个分析对风险的预警有很大作用。

(2)风险的影响和损失分析。风险的影响是一个非常复杂的问题，有的风险影响面较小，有的风险影响面很大,可能会引起整个工程的中断或报废。

(3)风险发生的可能性分析。研究风险自身的规律性,通常可用概率表示。

(4)风险级别分析。风险因素非常多,涉及各个方面,但人们并非对所有风险都予以十分重视,否则会大大增加管理费用。按照风险因素对项目影响程度和风险发生的可能性大小进行划分,风险程度等级分为一般风险、较大风险、严重风险和灾难性风险。

(5)风险的起因和可控性分析。对风险起因的研究是为风险预测、对策研究、责任分析服务的。可控性分析将为对策研究提供依据。

**5.风险评价的步骤**

风险评价可分为三步:

(1)确定风险评价基准。风险评价基准就是针对每一种风险后果确定的可接受水平。单个风险和整体风险都要确定评价基准,可分别称为单个评价基准和整体评价基准。风险的可接受水平可以是绝对的,也可以是相对的。

(2)确定项目整体风险水平。项目整体风险水平是综合所有个别风险之后而确定的。

(3)判断项目风险水平。将项目单个风险水平与单个评价基准、整体风险水平与整体评价基准对比,判断项目风险是否在可接受的范围之内,进而确定该项目是否应该继续进行。

## 三、风险型方案评价

**1.简单估计法**

(1)专家评估法。专家评估法是以发函、开会或其他形式向专家进行调查,对项目风险因素及其风险程度进行评定,将多位专家的经验集中起来形成分析结论的一种方法。由于它比一般的经验识别法更具客观性,因此应用更为广泛。采用专家评估法时,所聘请的专家应熟悉该行业和所评估的风险因素,并能做到客观公正。为减少主观性,专家个数一般应有20位左右,至少不低于10位。

(2)风险因素取值评定法。风险因素取值评定法是一种专家定量评定方法,是就风险因素的最乐观估计值、最悲观估计值和最可能值向专家进行调查,计算出期望值,再将期望值的平均值与可行性研究中所采用的数值相比较,求得两者的偏差值和偏差程度,据以判别风险程度。偏差值和偏差程度越大,风险程度越高。具体方法如表5-8所示。

**风险因素取值评定表** 表5-8

| 专家号 | 最乐观估计值<br>(1) | 最可能值<br>(2) | 最悲观估计值<br>(3) | 期望值(4)<br>[(1)+4×(2)+(3)]÷6 |
|---|---|---|---|---|
| 1 | | | | |
| 2 | | | | |
| 3 | | | | |
| 4 | | | | |
| 5 | | | | |
| 6 | | | | |
| 7 | | | | |

续上表

| 专家号 | 最乐观估计值<br>(1) | 最可能值<br>(2) | 最悲观估计值<br>(3) | 期望值(4)<br>[(1)+4×(2)+(3)]÷6 |
|---|---|---|---|---|
| 8 | | | | |
| 9 | | | | |
| 10 | | | | |
| 期望值平均值 | | | | |
| 偏差值 | 期望平均值-可研采用值 | | | |
| 偏差程度 | 偏差值/可研采用值 | | | |

**2.概率分析法**

概率分析的方法有很多,这些方法大多是以项目经济评价指标(主要是*NPV*)的期望值的计算过程和计算结果为基础的。这里仅介绍项目净现值的期望值和决策树法,计算项目净现值的期望值及净现值大于或等于零时的累计概率,以判断项目承担风险的能力。

所谓随机变量就是这样一类变量,我们能够知道其所有可能的取值范围,也知道它取各种值的可能性,但却不能肯定它最后确切的取值。比如说有一个变量$X$,我们知道它的取值范围是0~1.2,也知道$X$取值0~1.2的可能性分别是0.3、0.5和0.2,但是究竟$X$取什么值却不知道,那么$X$就称为随机变量。从随机变量的概念上来理解,可以说在投资项目经济评价中所遇到的大多数变量因素,如投资额、成本、销售量、产品价格、项目寿命期等,都是随机变量。我们可以预测其未来可能的取值范围,估计各种取值或值域发生的概率,但不可能肯定地预知它们取什么值。投资方案的现金流量序列是由这些因素的取值所决定的,所以,方案的现金流量序列实际上也是随机变量。而以此计算出来的经济评价指标也是随机变量。项目评价中风险变量的概率有主观概率和客观概率两种。主观概率是根据人们的经验凭主观推断而获得的概率。主观概率可以通过对有经验的专家调查获得或由评价人员的经验获得。前一种方法获得的主观概率比少数评价人员确定的主观概率可信度要高一些。客观概率是在基本条件不变的前提下,对类似事件进行多次观察和试验,统计每次观察和试验的结果,最后得出各种结果发生的概率。变量通常的概率分布有离散型概率分布、连续型概率分布。

常用的连续型概率分布有:

①正态分布。其特点是密度函数以均值为中心对称分布。这是一种最常用的概率分布,其均值为$\bar{X}$,方差为$\sigma^2$,用$N(\bar{X},\sigma)$表示。当$\bar{X}=0,\sigma=1$时,称为标准正态分布,用$N(0,1)$表示。正态分布适用于描述一般经济变量的概率分布,如销售量、售价、产品成本等。

②三角型分布。其特点是密度函数是由最大值、最可能值和最小值构成的对称的或不对称的三角型。适用于描述工期、投资等不对称分布的输入变量,也可用于描述产量、成本等对称分布的变量。

③$\beta$分布。其特点是密度函数在最大值两边不对称分布,适用于描述工期等不对称分布的变量。

④经验分布。其密度函数并不适合于某些标准的概率函数,可根据统计资料及主观经验估计的非标准概率分布,它适合于项目评价中的所有各种变量。

概率分析一般按下列步骤进行：

①选定一个或几个评价指标。通常是将内部收益率、净现值等作为评价指标。

②选定需要进行概率分析的不确定因素。通常有产品价格、销售量、主要原材料价格、投资额以及外汇汇率等。针对项目的不同情况，通过敏感性分析，选择最为敏感的因素作为概率分析的不确定因素。

③预测不确定因素变化的取值范围及概率分布。单因素概率分析，设定一个因素变化，其他因素均不变化，即只有一个自变量；多因素概率分析，设定多个因素同时变化，对多个自变量进行概率分析。

④根据测定的风险因素取值和概率分布，计算评价指标的相应取值和概率分布。

⑤计算评价指标的期望值和项目可接受的概率。

⑥分析计算结果，判断其可接受性，研究减轻和控制不利影响的措施。

概率分析的方法有很多，这些方法大多是以项目经济评价指标（主要是 $NPV$）的期望值的计算过程和计算结果为基础的。这里仅介绍项目净现值的期望值和决策树法，计算项目净现值的期望值及净现值大于或等于零时的累计概率，以判断项目承担风险的能力。

1）净现值的期望值

期望值是用来描述随机变量的一个主要参数。

从理论上讲，要完整地描述一个随机变量，需要知道它的概率分布的类型和主要参数，但在实际应用中，这样做不仅非常困难，而且也没有太大的必要。因为在许多情况下，我们只需要随机变量的某些特征就可以了，在这些随机变量的主要特征中，最重要也是最常用的就是期望值。

期望值是在大量重复事件中随机变量取值的平均值，换句话说，是随机变量所有可能取值的加权平均值，权重为各种可能取值出现的概率。

一般来讲，期望值的计算公式可表达为：

$$E(X)=\sum_{i=1}^{n}X_iP_i \tag{5-3}$$

式中：$E(X)$——随机变量 $X$ 的期望值；

$X_i$——随机变量 $X$ 的各种取值；

$P_i$——$X$ 取值 $X_i$ 时所对应的概率值。

根据期望值的计算公式(5-3)，可以很容易地推导出项目净现值的期望值计算公式如下：

$$E(NPV)=\sum_{i=1}^{n}NPV_iP_i \tag{5-4}$$

式中：$E(NPV)$——$NPV$ 的期望值；

$NPV_i$——各种现金流量情况下的净现值；

$P_i$——对应于各种现金流量情况的概率值。

**【例 5-3】** 已知某投资方案各种因素可能出现的数值及其对应的概率如表 5-9 所示。假设投资发生在期初，年净现金流量均发生在各年的年末。已知标准折现率为 10%，试求其净现值的期望值。

投资方案变量因素值及其概率

表 5-9

| 投资额(万元) | | 年净收益(万元) | | 寿命期(年) | |
|---|---|---|---|---|---|
| 数值 | 概率 | 数值 | 概率 | 数值 | 概率 |
| 120 | 0.3 | 20 | 0.25 | 10 | 1.00 |
| 150 | 0.5 | 28 | 0.4 | | |
| 175 | 0.2 | 33 | 0.35 | | |

**解:**根据各因素的取值范围,共有 9 种不同的组合状态,根据净现值的计算公式,求出各种状态的净现值及其对应的概率如表 5-10 所示。

方案所有组合状态的概率及净现值

表 5-10

| 投资额(万元) | 120 | | | 150 | | | 175 | | |
|---|---|---|---|---|---|---|---|---|---|
| 年净收益(万元) | 20 | 28 | 33 | 20 | 28 | 33 | 20 | 28 | 33 |
| 组合概率 | 0.075 | 0.120 | 0.105 | 0.125 | 0.200 | 0.175 | 0.050 | 0.080 | 0.070 |
| 净现值(万元) | 2.89 | 52.05 | 82.77 | -27.11 | 22.05 | 52.77 | -52.11 | -2.95 | 27.77 |

根据净现值的期望值计算公式,可求出:

$$E(NPV) = 2.89 \times 0.075 + 52.05 \times 0.120 + 82.77 \times 0.105 - 27.11 \times 0.125 + 22.05 \times 0.200 + 52.77 \times 0.175 - 52.11 \times 0.050 - 2.95 \times 0.080 + 27.77 \times 0.070 = 24.51(\text{万元})$$

投资方案净现值的期望值为 24.51 万元。

净现值的期望值在概率分析中是一个非常重要的指标,在对项目进行概率分析时,一般都要计算项目净现值的期望值及净现值大于或等于零时的累计概率。累计概率越大,表明项目承担的风险越小。

例 5-3 净现值大于或等于零的累计概率为

$$P(NPV \geqslant 0) = 0.075 + 0.120 + 0.105 + 0.200 + 0.175 + 0.070 = 0.745$$

2)决策树法

决策树法是在已知各种情况发生概率的基础上,通过构成决策树来求取净现值的期望值大于等于零的概率,评价项目风险,判断其可行性的决策分析方法。它是直观运用概率分析的一种图解方法。决策树法特别适用于多阶段决策分析。

决策树一般由决策点、机会点、方案枝、概率枝等组成(见图 5-3),其绘制方法如下:

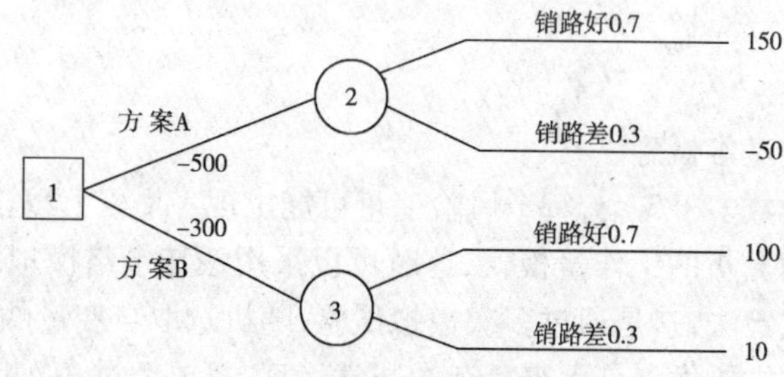


图 5-3 决策树结构图

首先确定决策点,决策点一般用"□"表示;然后从决策点引出若干条直线,代表各个备选方案,这些直线称为方案枝;方案枝后面连接一个"○",称为机会点;从机会点画出的各条直线,称为概率枝,代表将来的不同状态,概率枝后面的数值代表不同方案在不同状态下可获得的收益值。为了便于计算,对决策树中的"□"(决策点)和"○"(机会点)均进行编号。编号的顺序是从左到右,从上到下。

画出决策树后,就可以很容易地计算出各个方案的期望值并进行比选。下面通过实例来说明如何运用决策树法对方案进行比选。

**【例5-4】** 某项目有两个备选方案A和B,两个方案的寿命期均为10年,生产的产品也完全相同,但投资额及年净收益均不相同。方案A的投资额为500万元,其年净收益在产品销路好时为150万元,销路差时为-50万元;方案B的投资额为300万元,其年净收益在产品销路好时为100万元,销路差时为10万元。根据市场预测,在项目寿命期内,产品销路好的可能性为70%,销路差的可能性为30%。已知标准折现率为10%,试根据以上资料对方案进行比选。

**解:**首先,画出决策树。此题中有一个决策点,两个备选方案,每个方案又面临着两种状态。由此,可画出其决策树,如图5-3所示。

然后,计算各个机会点的期望值:

机会点②的期望值 $=150(P/A,10\%,10)\times0.7+(-50)(P/A,10\%,10)\times0.3=533$(万元)

机会点③的期望值 $=100(P/A,10\%,10)\times0.7+10\times(P/A,10\%,10)\times0.3=448.5$(万元)

最后计算各个备选方案净现值的期望值:

方案A的净现值的期望值 $=533-500=33$(万元)

方案B的净现值的期望值 $=448.5-300=148.5$(万元)

因此,应该优先选择方案B。

决策树法也可用于一般的概率分析,即用于判断项目的可行性及所承担的风险的大小。

**【例5-5】** 以例5-3的资料为基础,用决策树法判断项目的可行性及风险大小。

**解:**绘出决策树图,如图5-4所示。

从图5-4中可求出,项目净现值的期望值为24.51万元,然后计算净现值大于或等于零的累计概率。可求出:$P(NPV\geq0)=0.745$

由于该项目的净现值的期望值为24.51万元,净现值大于或等于零的累计概率为0.745。说明项目风险较小,是可行的。

**3. 蒙特卡洛模拟法**

1)蒙特卡洛模拟法基本概念

当项目风险变量个数多于3个,每个风险变量可能出现3个以上以至无限多种状态时(如连续随机变量),决策树分析的工作量极大,这时可以采用蒙特卡洛模拟法。蒙特卡洛法是一种模拟法或叫作统计试验法,它是通过多次模拟试验,随机选取自变量的数值来求效益指标特征值的一种方法。它的主要优点是无需复杂的数学运算,只要经过多次反复试验,便可获得评价指标的概率分布及累计概率分布、期望值、方差、标准差,计算项目由可行转变为不可行的概率,从而估计项目投资的风险。由于这种方法的试验次数很多,需要借助计算机模拟才能有效

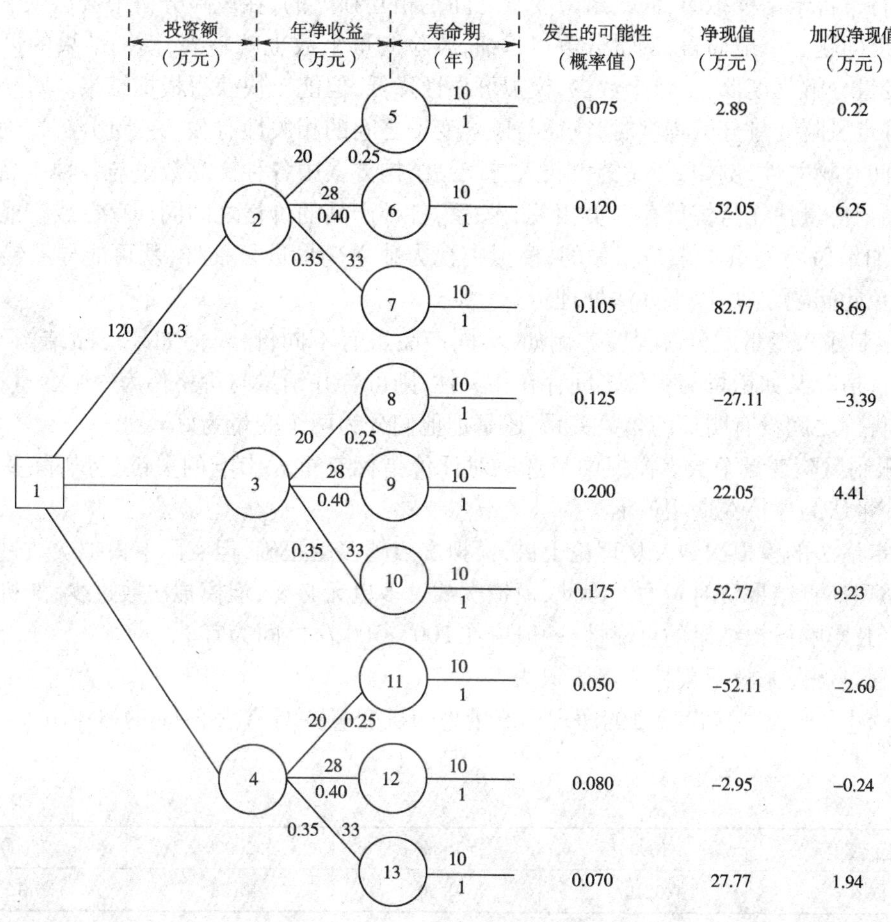


图 5-4 例 5-5 决策树图

地进行。

2)蒙特卡洛模拟法的应用步骤

(1)确定风险分析所采用的评价指标,如净现值、内部收益率等;

(2)确定对项目评价指标有重要影响的风险变量;

(3)经调查和专家分析,确定风险变量的概率分布;

(4)为各风险变量独立抽取随机数;

(5)由抽得的随机数转化为各风险变量的抽样值;

(6)根据抽得的各风险随机变量的抽样值,组成一组项目评价基础数据;

(7)根据抽样值组成的基础数据计算出评价指标值;

(8)重复第(4)到(7)步骤,直至预定模拟次数;

(9)整理模拟结果所得评价指标的期望值、方差、标准差及其概率分布、累计概率,绘制累计概率图;

(10)计算项目评价指标大于等于基准值的累计概率。

3)应用蒙特卡洛模拟法时应注意的问题

在进行蒙特卡洛模拟时，假设风险变量之间是相互独立的，在风险分析中会遇到输入变量的分解程度问题。一般而言，变量分解得越细，风险变量个数也就越多，模拟结果的可靠性也就越高；变量分解程度低，变量个数少，模拟可靠性降低，但能较快获得模拟结果。对一个具体项目，在确定风险变量分解程度时，往往与风险变量之间的相关性有关。变量分解过细往往造成变量之间有相关性，例如，产品销售收入与产品结构方案中各种产品数量与各种产品价格有关，而产品销售量往往与售价存在负相关的关系，各种产品的价格之间同样存在或正或负的相关关系。如果风险变量本来是相关的，模拟中视为独立变量进行抽样，就可能导致错误的结论。为避免此问题，采用以下办法处理：

(1)限制输入变量的分解程度。例如，不同产品虽有不同价格，但如果产品结构不变，可采用平均价格。又如销量与售价之间存在相关性，则可合并销量与价格作为一个变量；但是如果销量与售价之间没有明显的相关关系，还是把他们分为两个变量为好。

(2)限制风险变量个数。模拟中只选取对评价指标有重大影响的关键变量，除关键变量外，其他变量认为保持在期望值上。

蒙特卡洛法的模拟次数。从理论上讲，模拟次数越多越正确，但实际上模拟次数过多不仅费用高，整理计算结果费时费力。因此，模拟次数过多也无必要，但模拟次数过少，随机数的分布就不均匀，影响模拟结果的可靠性，一般应在 200 ~ 500 次之间为宜。

下面通过例题来学习蒙特卡洛模拟法。

**【例 5-5】** 假设某建设项目的净现金流量为随机变量并具有表 5-11 的概率分布，试求其均值。

表 5-11

| 净现金流量(元) | 10000 | 15000 | 20000 | 25000 |
|---|---|---|---|---|
| 概率 | 0.10 | 0.50 | 0.25 | 0.15 |

**解：**本例主要说明怎样通过蒙特卡洛模拟法来求其均值。

由上表可知，净现金流量采用的是两位数概率分布，故本题使用的随机数也只需两位(即两位随机数)。那么，我们取出一个随机数以后，它到底代表随机变量的哪一个值呢？这就需要我们事先根据其概率分布对此加以规定，如本例中我们规定如表 5-12。

表 5-12

| 净现金流量(元) | 10000 | 15000 | 20000 | 25000 |
|---|---|---|---|---|
| 随　机　数 | 00 ~ 09 | 10 ~ 59 | 60 ~ 84 | 85 ~ 99 |

假设我们取到一个随机数“50”，则查上表可知，该随机数属于 10 ~ 59 的范围，因此，它代表的随机变量的值为 15000，又如我们假设取到一个随机数“00”，则查上表可知它代表的随机变量的值是 10000。

从“随机数表”中任意查取一组随机数如表 5-13，根据表 5-10 划分的对应关系可求得各随机数所代表的随机变量的值。

表 5-13

| 随机数 | 47 | 91 | 02 | 88 | 81 | 74 | 24 | 05 | 51 | 74 |
|---|---|---|---|---|---|---|---|---|---|---|
| 净现金流量(元) | 15000 | 25000 | 10000 | 25000 | 20000 | 20000 | 15000 | 10000 | 15000 | 20000 |

表5-13相当于做了10次模拟试验,所求得净现金流量的平均值为:

$$175000/10 = 17500(\text{元})$$

该数值即为通过模拟试验所求得的均值。

如果认为上述精度不满足要求,则可进行更进一步的模拟实验,增加模拟试验次数,直到其精度满足要求时为止。

**【例5-6】** 某项目固定资产投资为10000万元,流动资金1000万元,项目两年建成,第3年投产,当年达产。年不含增值税销售收入为5000万元,经营成本2000万元,附加税及营业外支出年50万元,项目寿命期12年。若固定资产投资服从悲观值为13000万元、最可能值为10000万元、乐观值为9000万元的三角形分布,年销售收入服从期望值为5000万元、$\sigma = 300$万元的正态分布,年经营成本服从期望值为2000万元、$\sigma = 100$万元的正态分布,项目要求达到的收益率为15%,试计算收益率低于15%的概率。

**解:**

(1)以全投资税前内部收益率为项目风险分析的评价指标。

(2)固定资产投资、产品销售收入、经营成本为影响全投资税前内部收益率的关键风险变量。流动资金需要量与经营成本线性相关,不作为独立的风险变量,它的值随经营成本的取值变化。

(3)已知投资服从三角形分布,销售收入服从$N(5000,300)$、经营成本服从$N(2000,100)$。为了便于计算,首先应获得投资三角形分布(图5-5)的累计概率表(表5-14)。

**投资累计概率分布** 表5-14

| ≤投 资 额 | <预定投资额的面积 | 累 计 概 率 |
|---|---|---|
| | 三角形面积 $=4000H\times0.5$ | |
| 9000 | 0 | 0 |
| 9250 | $250\times0.25\times0.5H$ | 0.0156 |
| 9500 | $500\times0.5\times0.5H$ | 0.0625 |
| 9750 | $750\times0.75\times0.5H$ | 0.1406 |
| 10000 | $1000\times0.5H=500H$ | 0.25 |
| 10300 | $500H+300(H+0.9H)/2$ | 0.3925 |
| 10600 | $500H+600(H+0.8H)/2$ | 0.52 |
| 10900 | $500H+900(H+0.7H)/2$ | 0.6325 |
| 11200 | $500H+1200(H+0.6H)/2$ | 0.73 |
| 11500 | $500H+1500(H+0.5H)/2$ | 0.8125 |
| 11800 | $500H+1800(H+0.4H)/2$ | 0.88 |
| 12100 | $500H+2100(H+0.3H)/2$ | 0.9325 |
| 12400 | $500H+2400(H+0.2H)/2$ | 0.97 |
| 12700 | $500H+2700(H+0.1H)/2$ | 0.9925 |
| 13000 | $500H+3000H/2$ | 1.000 |

(4)对投资、销售收入、经营成本分别抽取随机数。

产生随机数的方式很多,这里采用从随机数表中抽取随机数的方法。为演示模拟过程,模拟次数定为 $k=20$,拟从随机数表中任意抽取 20 组随机数,如表 5-15。

(5)由抽得的随机数转化为各随机变量的抽样值,这里仅说明第 1 组模拟数随机变量产生的方法。

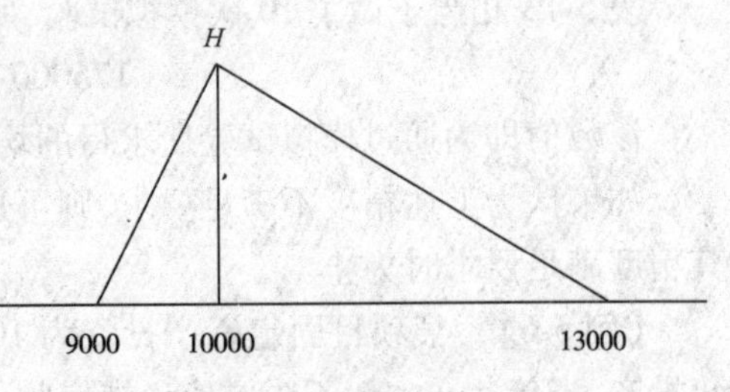

图 5-5 投资三角形分布图

①服从三角形分布或经验分布的随机变量抽样值产生方法。

根据随机数在投资累计概率表(表 5-14)中查取。这里投资的第 1 个随机数为 48867,查找累计概率 0.48867 所对应的投资额,从表 5-14 中查得投资额在 10300 ~ 10600 之间,通过线性内插,第 1 个投资抽样值为:10300 + 300 × (48867 − 39250)/(52000 − 39250) = 10526(万元)。

②服从正态分布的随机变量抽样值产生方法。

首先,从标准正态分布表中查找累计概率与随机数相等的数值。例如,销售收入第 1 个随机数 06242,查标准正态分布表 5-16 得销售收入的随机离差在 −1.53 ~ −1.54 之间,线性内插值为 −1.5348。第 1 个销售收入抽样值为:5000 − 1.5348 × 300 ≈ 4540(万元)。

同样经营成本第一个随机数 66903 相应的随机变量离差为 0.4328,第一个经营成本的抽样值为:2000 + 100 × 0.4328 = 2043(万元),填入表 5-15。

风险变量随机抽样值

表 5-15

| 模拟顺序 | 投资 | | 销售收入 | | 经营成本 | |
|---|---|---|---|---|---|---|
| | 随机数 | 取值 | 随机数 | 取值 | 随机数 | 取值 |
| 1 | 48867 | 10526 | 06242 | 4540 | 66903 | 2043 |
| 2 | 32267 | 10153 | 84601 | 5306 | 31484 | 1952 |
| 3 | 27345 | 10049 | 51345 | 5010 | 61290 | 2029 |
| 4 | 55753 | 10700 | 09115 | 4600 | 72534 | 2057 |
| 5 | 93124 | 12093 | 65079 | 5116 | 39507 | 1973 |
| 6 | 98658 | 12621 | 88493 | 5360 | 66162 | 2042 |
| 7 | 68216 | 11053 | 04903 | 4503 | 63090 | 2033 |
| 8 | 17901 | 9839 | 26015 | 4910 | 48192 | 1995 |
| 9 | 88124 | 11807 | 65799 | 5122 | 42039 | 1980 |
| 10 | 83464 | 11598 | 04090 | 4478 | 36293 | 1965 |
| 11 | 91310 | 11989 | 27684 | 4822 | 56420 | 2016 |
| 12 | 32739 | 10162 | 39791 | 4922 | 92710 | 2145 |
| 13 | 07751 | 9548 | 79836 | 5251 | 47929 | 1995 |

续上表

| 模拟顺序 | 投 资 | | 销售收入 | | 经营成本 | |
|---|---|---|---|---|---|---|
| | 随机数 | 取值 | 随机数 | 取值 | 随机数 | 取值 |
| 14 | 55228 | 10686 | 63448 | 5103 | 43793 | 1982 |
| 15 | 89013 | 11858 | 43011 | 4947 | 09746 | 1870 |
| 16 | 51828 | 10596 | 09063 | 4599 | 18988 | 1912 |
| 17 | 59783 | 10808 | 21433 | 4762 | 09549 | 1869 |
| 18 | 80267 | 11464 | 04407 | 4489 | 56646 | 2017 |
| 19 | 82919 | 11574 | 38960 | 4916 | 17226 | 1905 |
| 20 | 77017 | 11346 | 19619 | 4744 | 68855 | 2049 |

(6)根据投资、销售收入、经营成本的各20个抽样值组成20组项目评价基础数据。

(7)根据20组项目评价基础数据,编制20个计算全投资税前内部收益率的全投资现金流量,从而计算项目评价指标值。

(8)模拟结果达到预定次数后,整理模拟结果,按内部收益率从小到大的次序排列,并计算累计概率,如图5-6所示。

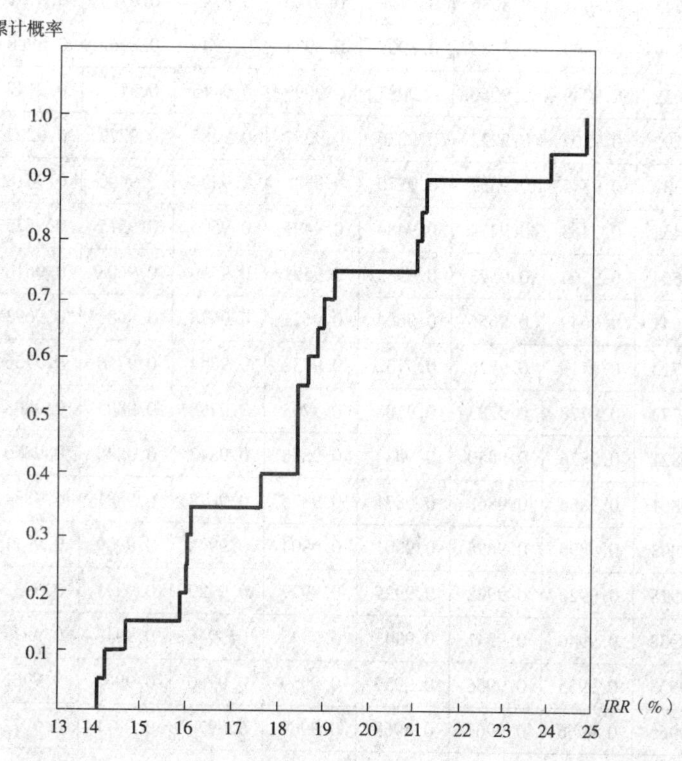


图5-6 模拟结果累计概率图

(9)从累计概率图上可知,内部收益率低于15%的概率为15%,内部收益率高于15%的概率为85%。

由于案例中模拟次数仅为20次，因此，累计概率曲线缺乏连续性和光滑性，易产生误差，当模拟次数达到200~500次时，曲线相当光滑，模拟的可靠性将大大提高。

标准正态分布的分布函数表　　表5-16

| x | 0.00 | 0.01 | 0.02 | 0.03 | 0.04 | 0.05 | 0.06 | 0.07 | 0.08 | 0.09 |
|---|---|---|---|---|---|---|---|---|---|---|
| 0.0 | 0.5000 | 0.5040 | 0.5080 | 0.5120 | 0.5160 | 0.5199 | 0.5239 | 0.5279 | 0.5319 | 0.5359 |
| 0.1 | 0.5398 | 0.5438 | 0.5478 | 0.5517 | 0.5557 | 0.5596 | 0.5636 | 0.5675 | 0.5714 | 0.5753 |
| 0.2 | 0.5793 | 0.5832 | 0.5871 | 0.5910 | 0.5948 | 0.5987 | 0.6026 | 0.6064 | 0.6103 | 0.6141 |
| 0.3 | 0.6179 | 0.6217 | 0.6255 | 0.6293 | 0.6331 | 0.6368 | 0.6406 | 0.6443 | 0.6480 | 0.6517 |
| 0.4 | 0.6554 | 0.6591 | 0.6628 | 0.6664 | 0.6700 | 0.6736 | 0.6772 | 0.6808 | 0.6844 | 0.6879 |
| 0.5 | 0.6915 | 0.6950 | 0.6985 | 0.7019 | 0.7054 | 0.7088 | 0.7123 | 0.7157 | 0.7190 | 0.7224 |
| 0.6 | 0.7257 | 0.7291 | 0.7324 | 0.7357 | 0.7389 | 0.7422 | 0.7454 | 0.7486 | 0.7517 | 0.7549 |
| 0.7 | 0.7580 | 0.7611 | 0.7642 | 0.7673 | 0.7704 | 0.7734 | 0.7764 | 0.7794 | 0.7823 | 0.7852 |
| 0.8 | 0.7881 | 0.7910 | 0.7939 | 0.7967 | 0.7995 | 0.8023 | 0.8051 | 0.8078 | 0.8106 | 0.8133 |
| 0.9 | 0.8159 | 0.8186 | 0.8212 | 0.8238 | 0.8264 | 0.8289 | 0.8315 | 0.8340 | 0.8365 | 0.8389 |
| 1.0 | 0.8413 | 0.8438 | 0.8461 | 0.8485 | 0.8508 | 0.8531 | 0.8554 | 0.8577 | 0.8599 | 0.8621 |
| 1.1 | 0.8643 | 0.8665 | 0.8686 | 0.8708 | 0.8729 | 0.8749 | 0.8770 | 0.8790 | 0.8810 | 0.8830 |
| 1.2 | 0.8849 | 0.8869 | 0.8888 | 0.8907 | 0.8925 | 0.8944 | 0.8962 | 0.8980 | 0.8997 | 0.9015 |
| 1.3 | 0.9032 | 0.9049 | 0.9066 | 0.9082 | 0.9099 | 0.9115 | 0.9131 | 0.9147 | 0.9162 | 0.9177 |
| 1.4 | 0.9192 | 0.9207 | 0.9222 | 0.9236 | 0.9251 | 0.9265 | 0.9279 | 0.9292 | 0.9306 | 0.9319 |
| 1.5 | 0.9332 | 0.9345 | 0.9357 | 0.9370 | 0.9382 | 0.9394 | 0.9406 | 0.9418 | 0.9429 | 0.9441 |
| 1.6 | 0.9452 | 0.9463 | 0.9474 | 0.9484 | 0.9495 | 0.9505 | 0.9515 | 0.9525 | 0.9535 | 0.9545 |
| 1.7 | 0.9554 | 0.9564 | 0.9573 | 0.9582 | 0.9591 | 0.9599 | 0.9608 | 0.9616 | 0.9625 | 0.9633 |
| 1.8 | 0.9641 | 0.9649 | 0.9656 | 0.9664 | 0.9671 | 0.9678 | 0.9686 | 0.9693 | 0.9699 | 0.9706 |
| 1.9 | 0.0713 | 0.9719 | 0.9726 | 0.9732 | 0.9738 | 0.9744 | 0.9750 | 0.9756 | 0.9761 | 0.9767 |
| 2.0 | 0.9772 | 0.9778 | 0.9783 | 0.9788 | 0.9793 | 0.9798 | 0.9803 | 0.9808 | 0.9812 | 0.9817 |
| 2.1 | 0.9821 | 0.9826 | 0.9830 | 0.9834 | 0.9838 | 0.9842 | 0.9846 | 0.9850 | 0.9854 | 0.9857 |
| 2.2 | 0.9861 | 0.9864 | 0.9868 | 0.9871 | 0.9875 | 0.9878 | 0.9881 | 0.9884 | 0.9887 | 0.9890 |
| 2.3 | 0.9893 | 0.9896 | 0.9898 | 0.9901 | 0.9904 | 0.9906 | 0.9909 | 0.9911 | 0.9913 | 0.9916 |
| 2.4 | 0.9918 | 0.9920 | 0.9922 | 0.9925 | 0.9927 | 0.9929 | 0.9931 | 0.9932 | 0.9934 | 0.9936 |
| 2.5 | 0.9938 | 0.9940 | 0.9941 | 0.9943 | 0.9945 | 0.9946 | 0.9948 | 0.9949 | 0.9951 | 0.9952 |
| 2.6 | 0.9953 | 0.9955 | 0.9956 | 0.9957 | 0.9959 | 0.9960 | 0.9961 | 0.9962 | 0.9963 | 0.9964 |
| 2.7 | 0.9965 | 0.9966 | 0.9967 | 0.9968 | 0.9969 | 0.9970 | 0.9971 | 0.9972 | 0.9973 | 0.9974 |
| 2.8 | 0.9974 | 0.9975 | 0.9976 | 0.9977 | 0.9977 | 0.9978 | 0.9979 | 0.9979 | 0.9980 | 0.9981 |
| 2.9 | 0.9981 | 0.9982 | 0.9982 | 0.9983 | 0.9984 | 0.9984 | 0.9985 | 0.9985 | 0.9986 | 0.9986 |
| 3.0 | 0.9987 | 0.9987 | 0.9987 | 0.9988 | 0.9988 | 0.9989 | 0.9989 | 0.9989 | 0.9990 | 0.9990 |

## 本 章 小 结

通过本章的学习,学生应重点理解和掌握下列基本知识:

**1. 项目决策的不确定性**

不确定性是所有项目固有的内在特性。不确定性的直接后果是使方案经济效果的实际值与评价值相偏离,从而按评价值作出的经济决策带有风险,因此要进行项目投资决策的不确定性分析。

**2. 敏感性分析**

投资项目评价中的敏感性分析,是在确定性分析的基础上,通过进一步分析、预测项目主要不确定因素的变化对项目评价指标(如内部收益率、净现值等)的影响,从中找出敏感因素,确定评价指标对该因素的敏感程度和项目对其变化的承受能力。投资项目财务评价和国民经济评价中都要进行敏感性分析。敏感性分析有单因素敏感性分析和多因素敏感性分析两种。

**3. 风险分析**

在项目决策分析与评价阶段应进行风险分析,项目实施和经营中应注意风险防范和控制。风险识别常用的方法有资料分析法、专家调查法和敏感性分法。风险评价主要内容包括:风险存在和发生的时间分析,风险的影响和损失分析、风险发生的可能性分析、风险级别分析、风险的起因和可控性分析。

**4. 风险型方案评价方法**

(1)简单估计法:专家评估法、风险因素取值评定法。

(2)概率分析法:净现值的期望值、决策树法。

(3)蒙特卡洛模拟法。

## 复习思考题

1. 项目决策分析中的不确定性产生的主要原因有哪些?

2. 试述单因素敏感性分析的一般步骤。

3. 简述不确定性与风险的关系。

4. 风险因素识别的常用方法有哪些?

5. 风险型方案评价方法有哪些?

6. 某投资方案计划总投资为 10000 万元,期初一次性投入,建成后每年收益为 3000 万元,寿命期 5 年,预定利率 12%,总投资、年收益、寿命期、利率未来大约在 ±40% 之间变化,试就上述因素对该投资方案进行敏感性分析,确定各个因素的敏感程度。

7. 某项目有 3 个主要风险变量:固定资产投资、年销售收入和年经营成本,估计值分别为 8500 万元、3500 万元和 1800 万元。经调查认为,每个风险变量有 3 种状态,其概率分布如题表 5-1 所示。试计算该项目财务净现值 *NPV* 的期望值和 *NPV* 大于等于 0 的累计概率。

风险变量概率分布　　题表 5-1

| 风险变量 | −20% | 计算值 | 20% |
| --- | --- | --- | --- |
| 固定资产投资 | 0.1 | 0.3 | 0.6 |
| 销售收入 | 0.1 | 0.4 | 0.5 |
| 经营成本 | 0.1 | 0.4 | 0.5 |

# 第六章

# 公路工程项目规划、设计、施工中的技术经济分析

**教学要求**

1. 描述工程项目的可行性研究，说明可行性研究阶段项目评价；
2. 描述设计方案技术经济评价的目的、原则，说明设计方案技术经济评价的方法；
3. 进行施工组织设计的技术经济分析；
4. 进行施工费用分析。

## •第一节　可行性研究阶段的项目评价•

### 一、可行性研究概述

可行性研究是公路工程项目投资前的综合研究工作，是在20世纪初随着技术经济和管理科学的发展而产生的。早在20世纪30年代，美国在开发田纳西河流域时就开始把可行性研究方法运用于流域开发的整个过程，使得工程建设稳步发展，取得了显著的经济效益。在这之后，可行性研究作为一门学科不断充实和完善，被大多数发达国家所接受。特别是20世纪60年代以后，随着技术、经济及管理科学的突飞猛进，使可行性研究渗透到很多领域，应用范围更加广泛，不仅用于研究工农业生产方面的工程项目建设问题，而且也推广到能源、交通等方面。

**1. 可行性研究的概念**

可行性研究就是对建设项目作全面的分析论证，以确定某一项目的建设必要性、技术可行性、经济合理性及实施可能性。同时推荐最佳方案，以便为投资决策提供科学依据，减少和避免决策失误，保证建设资金的有效使用，取得最佳的经济效果。具体地讲，可行性研究一般要求回答下述5个问题：

(1)说明要干什么及投资项目的基本情况；

(2)说明为什么要建设这个项目，项目的结构、工艺、施工等方案的技术可行性、建设规模、原材料供应、远景发展预测及其与环境保护的协调关系、经济的合理性；

(3)项目建设位置、当地自然条件和社会条件、线路(站、场)位置方案比较情况；

(4)项目何时开始投资，建设时期，投资回收期，选择投资的最佳时机；

(5)项目的资金筹措，工程建设、经济管理等事项的责任者，投标承包方式等。

为了准确而科学地解答这5个问题,必须深入调查研究,收集大量数据,运用系统工程学原理和经济学原理对研究对象进行技术与经济两个方面的综合预测与论证评价,才能得出向投资者推荐的最佳方案。所以,可行性研究又是一项系统性、综合性很强的工作,需要有科学的工作方法和严密的工作程序作保证才能完成。

**2. 可行性研究的地位与作用**

工程项目的兴建,是为了促进社会进步和经济发展。公路工程项目线长面广,所需投资多,影响范围大,在建设和使用过程中,情况复杂,易受众多不确定因素的干扰,,只有在上马之前,搞清楚是否可行,才能掌握项目建设的主动权。否则仓促上马,盲目动工兴建,只能使工作陷于被动,造成不必要的损失。可行性研究的目的,就是通过对与拟建项目投资效果有关的所有因素的综合研究分析,提出切实可行的决策和对策方案,以保证项目选择准确,方案科学,工期合理,投资可控,效益良好。所以,可行性研究是保证项目发挥投资效果的重要手段,在工程项目基本建设过程中占有极其重要的地位。可行性研究在项目建设过程中所起的作用主要有以下几个方面:

(1)作为项目投资决策的依据。投资者决定是否投资建设一个工程项目,主要依据工程可行研究报告作出。

(2)为编制设计任务书的依据。可行性研究中已对建设必要性、建设规模、技术标准、工期安排、建设投资、经济评价等诸多方面进行了详细的论证,经审查批准后,可以此作为基础编制设计任务书。

(3)作为初步设计的依据。在可行性研究中,对项目的建设标准、规模、起讫点、主要控制点、主要构造物设置及选型、总体布置、重大技术措施等进行了方案论证和比选,确定了设计原则,推荐了建设方案,经审查批准下达设计任务书,初步设计应以此为基础。

(4)作为向银行申请贷款的依据。世界银行等国际金融机构都把可行性研究报告作为给建设项目贷款的先决条件。我国的建设银行也对可行性研究报告予以审查,确认建设项目经济效果较好,具有偿还能力,不会承担很大风险之后,才会给予贷款。

(5)作为公路建设项目后评价的参考和依据。目前我国正在逐步推行建设项目后评价,其中的一项主要内容,就是对前期工作的评价,包括对项目建设必要性、技术可行性及经济合理性的再认识等,这些必须以前期的可行性研究为基础。

**3. 公路可行性研究的主要内容**

根据可行性研究的目的和要求,公路建设项目可行性研究中需要论证和研究的主要内容一般应包括如下几个方面:

(1)区域或地区综合运输网交通运输现状,现有公路在综合运输网中的地位和作用。

(2)现有公路技术状况及存在的问题。

(3)公路建设项目提出的背景,建设的必要性、紧迫性及社会意义。

(4)公路项目所在地区的经济特征及其与建设项目的关系,包括历年地区国民经济部门结构、布局、发展趋势和地区的城镇发展规划、交通运输结构、发展趋势;以及地区经济结构和经济指标与公路客货运输量、交通增长的关系,其他有关因素与公路运输量、交通量的关系。

(5)公路运输量、交通量预测。

(6)公路建设规模与技术标准,如公路等级和建设方案,建设里程,技术标准,主要技术指

标及其与互通式立交连接道路的改建情况等。

(7)建设条件,如工程项目的地理位置,地质、气候、水文条件,有关科研、试验的结论,沿线筑路材料来源分布及运输条件分析,社会环境分析等。

(8)路线走向、方案比选和主要控制点。

(9)主要工程数量,征地、拆迁数量及水利、电力、通讯、铁路等部门的拆迁协调等。

(10)投资估算和资金筹措,包括主体工程的投资和使用计划、附属、配套工程的投资和使用计划,建设总投资,拟利用外资的工程及计划,资金来源及筹措方式等。

(11)建设安排和实施计划,包括工期安排和资金安排两部分。

(12)经济评价,内容包括国民经济评价参数的确定,国民经济评价的计算及评价结果,以及敏感性分析。

(13)收费公路的财务分析,如收费制式、收费标准及收费收入,财务分析,国内外贷款偿还能力分析等。

(14)环境影响评价。

## 二、可行性研究阶段的项目评价

可行性研究阶段的项目评价是指用定量或定性的分析方法，对拟建项目的推荐方案进行环境影响评价财务评价、国民经济评价、社会评价及风险分析，以判别项目的环境可行性、经济可行性、社会可行性和抗风险能力。其中财务评价、国民经济评价与风险分析已在前面第四章、第五章分别作了详细介绍，这里不再赘述。本节重点介绍环境影响评价和社会评价。

**1. 社会评价**

社会评价是分析拟建项目对当地社会的影响和当地社会条件对项目的适应性和可接受程度,评价项目的社会可行性。公路建设项目往往涉及到多种复杂的社会因素(如大量移民搬迁、大量占用农田),社会影响比较久远,社会效益比较显著,也容易产生较突出的社会矛盾,含有较大的社会风险。因此,需要对其从社会角度进行分析评价,分析项目涉及的各种社会因素,评价项目的社会可行性,提出项目与当地社会协调关系,规避社会风险,促进项目顺利实施,保证社会稳定。

1)社会评价的内容

社会评价从以人为本的原则出发,研究内容包括项目的社会影响分析、项目与所在地区的互适性分析和社会风险分析 3 个方面的内容。

(1)社会影响分析

社会影响分析在内容上可分为 3 个层次 4 个方面的分析,即分析在国家、地区、项目(社区)3 个层次上展开,包括项目对社会环境方面、社会经济方面、自然与生态环境方面和自然资源方面的影响。项目对自然和生态环境方面、自然资源方面的影响将在环境评价中详细说明,本节主要讨论项目对社会环境方面和社会经济方面可能产生的影响,包括正面影响(通常称为社会效益)和负面影响。

①项目对所在地居民收入的影响。主要分析预测由于项目实施可能造成当地居民收入增加或者减少的范围、程度及其原因;收入分配是否公平,是否扩大贫富收入差距,并提出促进收

入公平分配的措施建议。扶贫项目,应着重分析项目实施后,能在多大程度上减轻当地居民的贫困和帮助多少贫困人口脱贫。

②项目对所在地区居民生活水平和生活质量的影响。分析预测项目实施后居民居住水平、消费水平、消费结构、人均寿命的变化及其原因。

③项目对所在地区居民就业的影响,分析预测项目的建设、运营对当地居民就业结构和就业机会的正面影响与负面影响。其中正面影响是指可能增加就业机会和就业人数,负面影响是指可能减少原有就业机会及就业人数,以及由此引发的社会矛盾。

④项目对所在地区不同利益群体的影响,分析预测项目的建设和运营使哪些人受益或受损,以及对受损群体的补偿措施和途径。兴建露天矿区、水利枢纽工程、交通运输工程、城市基础设施等一般都会引起非自愿移民,应特别加强这项内容的分析。

⑤项目对所在地区弱势群体利益的影响,分析预测项目的建设和运营对当地妇女、儿童、残疾人员利益的正面影响或负面影响。

⑥项目对所在地区文化、教育、卫生的影响,分析预测项目的建设和运营期间引起当地文化教育水平、卫生健康程度的变化以及对当地人文环境的影响,提出减小不利影响的措施建议。公益性项目要特别加强这项内容的分析。

⑦项目对当地基础设施、社会服务容量和城市化进程等的影响,分析预测项目的建设和运营期间,是否可能增加或者占用当地的基础设施,包括道路、桥梁、供电、给排水、供汽、服务网点,以及产生的影响。

⑧在地区少数民族风俗习惯和宗教的影响,分析预测项目建设和运营,是否符合国家的民族和宗教政策,是否充分考虑了当地民族的风俗习惯、生活方式或者当地居民的宗教信仰,是否会引发民族矛盾、宗教纠纷,影响当地社会安定。

通过以上分析,对项目的社会影响做出评价。编制项目社会影响分析表,填入各种影响范围、程度,可能出现的后果及措施建议。

(2)互适性分析

互适性分析主要是分析预测项目能否为当地的社会环境、人文条件所接纳,以及当地政府、居民支持项目存在与发展的程度,考察项目与当地社会环境的相互适应关系。

①分析预测与项目直接相关的不同利益群体对项目建设和运营的态度和参与程度,选择可以促使项目成功的各利益群体的参与方式,对可能阻碍项目存在与发展的因素提出防范措施。因此有必要在项目周期的各个阶段,对社区参与的可行性进行考察和评估,考察的内容包括:分析项目社区中不同利益集团参与项目活动的重要性,分析对当地人民的参与有影响的关键的社会因素,分析在项目社区中是否有一些群体被排斥在项目设计之外或在项目的设计中没有发表意见的机会,分析找出项目地区的人民参与项目设计、准备和实施的恰当的形式和方法。

②分析预测与项目所在地区的各类组织对项目建设和运营的态度,可能在哪些方面、在多大程度上对项目予以支持和配合。首先分析当地政府对项目的态度及协作支持的力度。如果投资者不是当地政府及其下属企业,则项目的建设和运营必须争得当地政府的同意,并取得支持和协作,尤其是大型项目,在后勤保障等一系列问题上更离不开社会支撑系统。应当认真考察需要由当地提供交通、电力、通信、供水等基础设施条件,粮食、蔬菜、肉类等生活供应条件,

医疗、教育等社会福利条件的，当地是否能够提供，是否有保障。国家重大建设项目更要特别注重这方面的内容分析。如果当地政府不配合，项目成功的希望将会十分渺茫。其次分析当地群众对项目的态度以及群众参与的程度。任何一个项目，必须是造福于桑梓、取信于民众的，使群众以各种方式参与到项目的设计、决策、建设、运营和管理中来，才能得到群众的拥护和支持。评价者要判明项目的受益者是谁？受益面有多大？受损者是谁？受损程度如何？怎样给予合适的补偿？这些问题都应该在社会评价中予以解决。

③分析预测项目所在地区现有技术、文化状况能否适应项目建设和发展。主要为发展地方经济、改善当地居民生产生活条件兴建的水利项目、公路交通项目、扶贫项目，应分析当地居民的教育水平能否适应项目要求的技术条件，能否保证实现项目既定目标。

通过项目与所在地的互适性分析，就当地社会对项目适应性和可接受程度做出评价。编制社会对项目的适应性和可接受程度分析表。

(3)社会风险分析

项目的社会风险分析是对可能影响项目的各种社会因素进行识别和排序，选择影响面大、持续时间长，并容易导致较大矛盾的社会因素进行预测，分析可能出现这种风险的社会环境和条件。那些可能诱发民族矛盾、宗教矛盾的项目要注重这方面的分析，并提出防范措施。例如：进行大型水利枢纽工程的建设，就要分析项目占用地的移民安置和受损补偿问题。如果移民群众的生活得不到有效保障或生活水平大幅降低，受损补偿又不尽合理，群众抵触情绪就会产生，从而直接会导致项目工期的推延，甚至会给项目预期效益的实现带来风险。

通过分析社会风险因素，编制项目社会风险分析表。

2)社会评价的步骤

社会评价一般分为社会调查、识别社会因素、论证比选方案3个步骤。

(1)社会调查

调查了解项目所在地区的社会环境等方面的情况。调查的内容包括所在地区的基本情况和受影响的社区的基本社会经济情况在项目影响时限内可能的变化。包括人口统计资料，基础设施与服务设施状况；当地的风俗习惯、人际关系；各利益群体对项目的反应、要求与接受程度；各利益群体参与项目的可能性，如项目所在地区干部、群众对参与项目活动的态度和积极性，可能参与的形势、时间，妇女在参与项目活动方面有无特殊情况等。社会调查可采用多种调查方法，如查阅历史文献、统计资料、问卷调查、现场访问、观察、开座谈会等。

(2)识别社会因素

分析社会调查获得的资料，对项目涉及的各种社会因素进行分类。一般可分成3类：

①影响人类生活和行为的因素。如：对就业的影响，对收入分配的影响，对社区发展和城市建设的影响，对居民身心健康的影响，对文化教育事业的影响，对社区福利和社会保障的影响等。

②影响社会环境变迁的因素。如：对自然和生态环境的影响，对资源综合开发利用的影响，对能源节约的影响，对耕地和水资源的影响等。

③影响社会稳定与发展的因素。如：对人民风俗习惯、宗教信仰、民族团结的影响，对社区组织结构和地方管理机构的影响，对国家安全和地区威望的影响等。

从这些因素中，识别与选择影响项目实施和项目成功的主要社会因素，作为社会评价的重点和论证比选方案的内容之一。

(3)论证比选方案

对项目建设方案设计中涉及的主要社会因素进行定性、定量分析,比选推荐社会正面影响大、社会负面影响小的方案。主要步骤如下:

①确定评价目标与评价范围。根据投资项目建设的目的、功能以及国家和地区的社会发展战略,对与项目相关的各社会因素进行分析研究,找出项目对社会环境可能产生的影响,确定项目评价的目标,并分析出主要目标和次要目标。

分析评价的范围,包括项目影响涉及的空间范围和时间范围。空间范围是指项目所在的社区、县市,有的大型项目如水利项目,影响区域涉及多个省市较为广泛的地域。时间范围是指项目的寿命期或预测可能影响的年限。

②选择评价指标。根据评价的目标,选择适当的评价指标,包括各种效益和影响的定性指标和定量指标。所选指标不宜过多(一般控制在50个以内),且要便于搜集数据和进行评定。

③确定评价标准。在广泛调查研究和科学分析的基础上,收集项目本身及评价空间范围内社会、经济、环境等各方面的信息,并预测在评价和项目建设阶段有无可能发生变化,然后确定评价的标准。定量指标的评价标准一定要明确给出。

④列出备选方案。根据项目的建设目标、不同的建设地点、不同的资金来源、不同的技术方案等,清理可供选择的方案,并采取拜访、座谈、实地考察等方式,了解项目影响区域范围内地方政府与群众的意见,将这些意见纳入方案比较的过程中。

⑤进行项目评价。根据调查和预测的资料,对每一个备选方案进行定量和定性评价。首先,对能够定量计算的指标,依据调查和预测资料进行测算,并根据一定标准评价其优劣。其次,对不能定量计算的社会因素进行定性分析,判断各种定性指标对项目的影响程度,揭示项目可能存在的社会风险。再次,分析判断各定性指标和定量指标对项目实施和社会发展目标的重要程度,对各指标进行排序并赋予一定的权重。对若干重要的指标,特别是不利影响的指标进行深入的分析研究,制定减轻不利影响的措施,研究存在的社会风险的性质与重要程度,提出规避风险的措施。最后,计算各指标得分和项目综合目标值,并对备选方案进行排序,得分高者中选;若出现得分相同情况,则以权重最大的某项指标为准,以该指标优者为优。

⑥专家论证。根据项目的具体情况,可召开相应规模的专家论证会,将选出的最优方案提交专家论证,对中选方案进行详细分析,就其不利因素、不良影响和存在的问题提出改进和解决办法,进一步补充和完善该方案。

⑦评价总结,编制"项目社会评价报告"。将对所评价项目的调查、预测、分析、比较的过程和结论,以及方案中的重要问题和有争议的问题写成一定格式的书面报告。在提出方案优劣的基础上,提出项目是否具有社会可行性的结论或建议,形成项目社会评价报告或篇章,作为项目决策者的决策依据之一。

**2. 环境影响评价**

环境影响是指人类活动(包括经济活动和社会活动)对环境的作用和因此导致环境的变化,以及由此引起的对人类社会和经济发展的影响。公路建设项目的实施一般会引起项目所在地社会环境、自然环境和生态环境的变化，对环境状况、环境质量产生不同程度的影响。环境影响评价是在研究确定场址方案和技术方案中，调查研究环境条件，识别和分析拟建项目影响环境的因素，提出预防或减轻不良环境影响的措施。

为了实施可持续发展战略，预防因规划和投资项目实施后对环境造成不良影响，促进经济、社会和环境的协调发展，我国实行环境影响评价制度，并制定了严格的环境影响评价管理程序。环境影响评价(EIA)已成为投资项目前期工作的一项必不可少的内容。相关的法规主要有《中华人民共和国环境保护法》，国务院1998年发布的《建设项目环境保护管理条例》，1999年国家环境保护总局《关于建设项目环境影响评价制度有关问题的通知》，2002年国家主席江泽民签发的《中华人民共和国环境影响评价法》，根据这些法规的规定，在中华人民共和国领域和中华人民共和国管辖的其他海域内建设对环境有影响的项目，都应当依法进行环境影响评价。

1)公路工程项目对环境的影响

(1)对生态环境的影响

生物圈是一个巨大而又极其复杂的生态系统，它是由无数个大小不等、类型各异的生态系统所组成。公路建设对生态的影响主要表现在以下几个方面：

①对森林、人工系统的影响；

②对草原等天然植被的破坏；

③对路沿线地区土壤质量的影响；

④对农业生产的影响；

⑤对土壤侵蚀的影响；

⑥对野生动植物的影响。

(2)对社会经济环境的影响

①对公路沿线地区社会经济发展规划的影响；

②对公路沿线地区产业结构的影响；

③对公路沿线地区土地使用及价值的影响；

④对公路沿线地区单位及居民房屋的拆迁影响(拆迁补偿及再安置)；

⑤对公路沿线地区基础设施(建筑、交通、水、暖、电、通讯等基础设施)的影响；

⑥对地区科技、文化、教育的影响；

⑦对地区医疗卫生的影响；

⑧对公路沿线地区人民群众生活质量的影响；

⑨对地区资源(土地、矿产、旅游及文化资源)利用的影响；

⑩对地区自然保护、风景区及景观环境的影响。

(3)对自然环境的影响

①对公路沿线地区声环境质量的影响：

a.建设期施工机械噪声对公路沿线学校、医院、村镇居民点工作、生活的影响；

b.营运期公路交通噪声对公路沿线学校、医院、村镇居民点工作、生活的影响。

②对公路沿线地区环境空气质量的影响：

a.建设期扬尘对公路沿线地区环境空气产生污染；

b. 沥青混凝土搅拌过程中沥青烟尘对公路沿线地区环境空气产生污染；

c. 公路营运期汽车尾气对公路沿线地区环境空气产生污染。

③对公路沿线地区水环境质量的影响：

a. 建设期施工现场生活污水、垃圾及生产废水对周围水体水质的污染；

b. 大型桥梁等结构物施工对水体水质的影响；

c. 沥青、油料、化学品等建材堆放泄漏对周围水体水质的污染；

d. 营运期服务区污水及路面径流对水体水质的污染；

e. 营运期化学危险品运输车辆的交通事故使有毒、有害化学物质泄漏可能引起水体污染。

2) 公路环境影响分析评价的内容

根据环境组成特征和项目对环境影响的特点，公路工程项目环境影响评价一般分为社会环境影响评价、生态环境影响评价、环境空气影响评价、环境噪声影响评价。

(1) 环境现状调查及评价

环境现状调查及评价是环境影响要素识别和评价因子筛选的基础，是环境影响评价的准备工作，因此建设项目评价范围内的环境现状调查及评价是环境评价的首要工作，环境现状调查及评价的主要内容有：

①社会环境现状调查评价内容。

调查建设项目沿线的社区划分、隶属关系、地理位置、社区面积；调查社区内的人口分布、劳动就业等情况；调查建设项目沿线地区主要国民经济指标，并计算其人均占有量，评价其发展水平；调查人口居住分布，土地隶属状况，道路交通状况；调查影响区内人均生活收入情况，并与该地区所在省(区)的人均收入比较，评述生活现状水平；调查社区内的公共医疗保健设施及人群健康状况，评述医疗卫生保健事业水平；调查社区内的文化教育设施现状，评述文化教育事业水平；调查交通、通信设施现状，并分析其相互关系；调查评述范围内的水利排灌设施的使用情况；调查沿线地区的土地资源、矿产资源的种类，开发利用现状；调查已开发和未开发的旅游资源在沿线的分布情况；调查文物古迹保护区现状；调查区域内原有景观资源，确定景观环境区域内的自然景观和人文景观的保护目标。

②自然环境、生态环境现状调查评价内容。

通过收集当地文献资料或向有关专家咨询，调查野生动物的种类、保护级别、分布概况、现存数量、栖息环境特征、生活习性、活动规律、经济和学术价值等；调查野生植物的种类、优势群落组成、保护级别、分布概况、植被覆盖率、生长习性、经济和学术价值等，对受国家保护的野生动植物进行评述；调查沿线土壤侵蚀状况，土壤侵蚀类别、地貌、地址、植被覆盖率、降雨情况及土壤侵蚀模数等。给出各调查项目的结果，综合评述路线所经过的国家、省(区)、县等各级人民政府批准的水土流失重点防治区和一般地区的水土流失现状与治理情况；调查沿线评述范围内地面水域及功能分类，了解工程的施工方案、生活服务区及规模，调查公路建设项目两侧地表径流方位及水域功能，调查评述范围内现有水域污染排放源，对水环境现状进行评述。

③环境空气现状调查评价内容。

调查沿线地貌特点和现有工业污染源的排放特性，收集当地政府制定的功能划分、环境空气执行标准和发展规划，划分评价路段，确定环境空气敏感点；收集评价区内环境空气常规监测资料，统计分析各点的主要污染物的浓度值、超标量和变化趋势等；收集评价路段近3～5年常规气象资料，包括年、季、月的气温、降雨、湿度、日照、主导风向、平均风速、稳定度出现频率等内容；以环境空气敏感点为主，兼顾全路均布性原则，布设有代表性、能反映路段内环境空气污染水平和浓度分布规律的监测点，按国家现行检测方法对环境空气进行检测；分析现状检测因子的一次最高值和日均浓度值变化范围、超标率及超标原因，并对环境空气质量现状作出评价。

④声环境现状调查评价内容。

对环境噪声影响重点评价对象的一般状况进行调查与分析。在路线平面图中标出重点评价对象，并列表给出评价对象的桩号、距路中心线的距离、朝向、与路面的相对高度、受噪声影响的人数，并给出位置示意图。在重点评价地点（敏感点）布设检测点，按国家现行噪声检测方法对噪声现状进行检测。根据检测的环境值，进行环境噪声现状评价。当环境噪声现状值超标时，应说明超标的原因。

(2)环境影响预测及评价

在环境现状调查评价的基础上，根据公路等级和交通量预测值，对公路建设对公路环境的影响进行预测和评价。公路对环境影响预测及评价内容简述如下：

①环境影响预测分析评价。

结合地区发展规划，分析建设项目对地区经济发展布局、国民经济发展规划的影响。根据公路项目工程预可行性研究报告或可行性研究报告的有关内容，对公路项目的晋级、减少拥挤、缩短里程、节约时间、减少事故等经济效益进行预测，计算项目的内部收益率、净现值、效益费用比和投资回收期，进行财务评价、经济评价和经济敏感性分析。公路建设需征用带状区域内一部分群众的农田，通过调查，对被征地的乡镇、村、农户的耕地情况进行分类，分析耕地减少的数量及对农民人均收入的影响提出缓解影响的措施。对被拆迁的群众住房进行分类统计，分析补偿和再安置计划的合理性、可行性，进行居民生活质量影响分析。建设期机械化施工和营运期的公路交通将对新建公路沿线生活环境造成污染，但由于交通条件的改善，原有道路对沿线生活环境的影响将得到大大的缓解，从受影响的人数和影响程度综合分析公路建设对地区生活环境的影响。统计分析横向“通道”的数量位置，分析公路高路堤对群众横向交通的阻隔影响，提出缓解影响的措施。

基础设施是地区经济发展的基础，详细调查现有的基础设施（公路、铁路、航道、管道运输、航空、通讯设施及水利设施）的功能及分布位置，分析公路建设对基础设施的影响，统计需要迁移的基础设施的类别和数量，对迁移方案作出评述，对于不利影响提出相应的治理措施。

公路建设需征用土地，对路线永久性占地的数量、类型、农作物的种植类别、单产量及土地经济价值进行调查统计，分析公路建设对土地价值及使用效益的影响，提出保护耕地的对策。当公路经过自然资源（矿产、旅游、文物古迹）开发区时，分析建设项目对资源开发利用的影响，对不利影响提出相应的保护治理对策。

②生态环境影响评价。

公路建设改变了沿线带状区域内野生动植物的生活、生长环境，对野生动植物影响评价可采用生态机理分析法或类比法，分析生存环境的变化对动植物个体和群落的影响、对自然保护区的整体影响、对植物生长分布及动物活动规律和栖息环境的影响、对植被覆盖率的影响等。

根据预测对影响程度进行综合分析,评述影响范围、程度、形式和持续时间等,由评述结论,综合建设项目的不利影响,对恢复动植物生态环境及减少不利影响提出措施或建议。

汽车尾气中的铅对土壤和农作物的污染分析可采用铅的环境评价指数法进行，根据土壤环境中铅含量预测结果和土壤铅环境容量，对评价范围内土壤中铅含量作出趋势分析，评述沿线土地利用前景以及土壤环境变化对农牧作物产生的影响。根据预测结果，结合公路沿线的具体情况，提出防治土壤铅污染的具体对策，对评价范围内土地的合理种植提出建议。

分析公路建设对水环境的影响时,首先预测公路施工期污水和营运期路面雨水径流量、生活服务区污水和洗车污水的排放量,计算污染物排放浓度,并分析其对水体的影响。当有害成分含量值高于排放标准时,必须进行污水处理。当路线经过当地政府部门确定的饮用水源地时,应对公路选线、桥址选择提出水环境保护要求。分析交通事故对水体造成污染的可能性,提出应急处理措施。

③环境空气影响评价。

根据公路预测交通量、气象、工程及地形环境特征,选择具有代表性的路段,采取"以点为主,点线结合,反馈全线"的评价原则,预测车辆排放污染物扩散浓度,将各线源贡献量叠加,预测交通枢纽的影响。采用模式计算或类比法将预测点的预测浓度与背景浓度叠加后与标准值比较,分析其达标和超标情况,对敏感点分析出现超表时的气象条件和污染程度,根据预测污染程度,做出评价结论,提出环境保护治理措施。

④环境噪声影响评价。

环境噪声影响评价的对象为环境噪声敏感建筑物,一般以 200 人以上的学校教室、50 户以上的居民住宅、20 张床位以上的医院病房、疗养院住房及特殊宾馆等作为重点评价对象。对一般评价对象中需要进行城市规划的路段,画出不同的评价时期的公路交通噪声等声级线图,并标出昼夜 70dB 与夜间 55dB 等声级线。对重点评价对象,应定量计算不同评价时期的环境噪声值,并按评价标准予以评价。对于交通噪声防治对策,应进行多方案的技术与经济论证,提出分期实施方案或建议。简要评述公路施工期环境噪声的影响程度,提出噪声防治对策和建议。

(3)防治措施与对策建议。

在环境影响评价的基础上,描述建设项目对环境造成直接或间接的不利影响,提出将这些不利影响降低到最低程度或消除这些影响的方法与措施方案。对投资较大的措施进行多方案比较。对环境有重大的不利影响时,提出如何调整和完善公路项目设计和线位方案,把不利的环境影响降低到最低程度,并在实施计划和设计中提出消除、减缓或改善环境质量的要求。积极探索改善和提高人类生存环境的可能性。提出项目建设期和营运期环境影响监督与检测计划建议。

(4)经济损益分析

在项目预可行性研究报告或可行性研究报告经济效益分析的基础上,定量或定性的评价项目的社会经济效益,估算直接环境保护的投资:噪声防治设施投资、环境保护设施和设备投资、环境保护管理机构和人员所需经费(一般按 20 年估算)、营运期的环境监测经费、绿化工程投资等。根据环境特点和部分工程所起到的环境保护作用,估计兼顾环境保护作用的工程设施投资:如通道工程投资、防护工程投资、排水工程投资,计算直接环境保护投资占总投资(工程估算投资加环保估算投资)的比例及环保投资加兼顾环境保护作用的工程设施投资占总投资的比例,分析环境保护投资占总投资比例的合理性,对建设项目环境损益给出定量或定性结论。

## •第二节 设计方案的技术经济评价•

### 一、设计方案评价原则

为了提高公路工程建设投资效果,从项目投资决策开始,设计、施工、竣工验收直至运营阶段,都应对多个方案进行技术经济分析,从中选出技术先进、经济合理的最佳方案。设计方案评价应遵循以下原则:

(1)设计方案必须要处理好经济合理性与技术先进性之间的关系。经济合理性要求工程造价尽可能低,如果一味地追求经济效果,可能会导致项目的功能水平偏低,无法满足使用者的要求;技术先进性追求技术的尽善尽美,项目功能水平先进,但可能会导致工程造价偏高。因此,技术先进性和经济合理性是一对矛盾,设计者应尽量处理好二者的关系,一般情况下,要在满足使用者要求的前提下,尽可能降低工程造价。但是如果资金有限制,也可以在资金限制范围内,尽可能提高功能水平。

(2)设计方案必须兼顾建设与使用,考虑项目全寿命费用。工程在建设过程中,控制造价是一个非常重要的目标。但是造价水平的变化,又会影响到项目将来的使用成本。如果单纯降低造价,建造质量得不到保障,就会导致使用过程中的维修费用过高,甚至有可能发生重大事故,给社会财产和人民生命安全带来严重损害。一般情况下,项目技术水平与工程造价及使用成本之间的关系见图6-1。在设计过程中应兼顾建设过程和使用过程,力求项目全寿命费用最低。

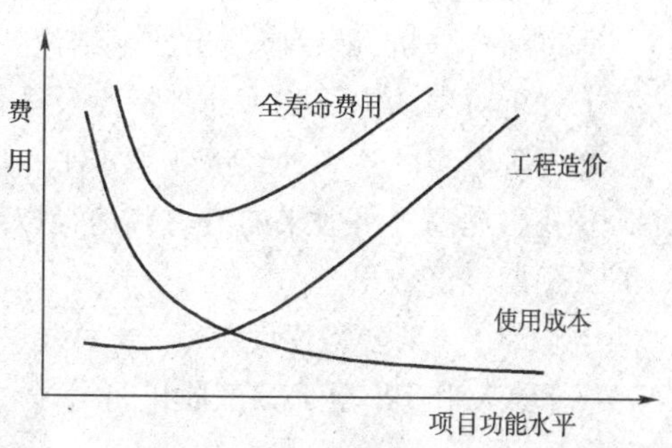


图6-1 工程造价、使用成本与项目功能水平之间的关系

(3)设计必须兼顾近期与远期的要求。一项工程建成后,往往会在很长的时间内发挥作用。如果按照目前的要求设计工程,在不远的将来,可能会出现由于项目功能水平无法满足需要而重新建造的情况。但是如果按照未来的需要设计工程,又会出现由于功能水平过高而资源闲置浪费的现象,所以设计者要兼顾近期和远期要求,选择项目合理的功能水平。同时也要根据远景发展需要,适当留有发展余地。

### 二、设计方案的技术经济评价方法

设计方案技术经济评价的目的,是采用科学的方法,按照工程项目经济效果评价原则,用一个或一组主要指标对设计方案的项目功能、造价、工期和设备、材料、人工消耗等方面进行定性与定量相结合的综合评价,从而择优选定技术经济效果好的设计方案。

### 1. 多指标评价法

通过对反映建筑产品功能和耗费特点的若干技术经济指标的计算、分析、比较，评价设计方案的经济效果。又可分为多指标对比法和多指标综合评分法。

1）多指标对比法

这是目前采用比较多的一种方法。它的基本特点是使用一组适用的指标体系，将对比方案的指标值列出，然后一一进行对比，根据指标值的高低分析判断方案的优劣。

利用这种方法首先需要将指标体系中的各个指标，按其在评价中的重要性，分为主要指标和辅助指标。主要指标是能够比较充分地反映工程的技术经济特点的指标，是确定工程项目经济效果的主要依据。辅助指标在技术经济分析中处于次要地位，是主要指标的补充，当主要指标不足以说明方案的技术经济效果优劣时，辅助指标就成为了进一步进行技术经济分析的依据。但是要注意参选方案在功能、价格、时间、风险等方面的可比性。如果方案不完全符合对比条件，要加以调整，使其满足对比条件后再进行对比，并在综合分析时予以说明。

这种方法的优点是：指标全面、分析确切，可通过各种技术经济指标定性或定量直接反映方案技术经济性能的主要方面。其缺点是：不便于考虑对某一功能评价，不便于综合定量分析，容易出现某一方案有些指标较优，另一些指标较差；而另一方案则可能是有些指标较差，另一些指标较优。这样就使分析工作复杂化。有时也会因方案的可比性而产生客观标准不统一的现象。因此，在进行综合分析时，要特别注意检查对比方案在使用功能和工程质量方面的差异，并分析这些差异对各指标的影响，避免导致错误结论。

通过综合分析，最后应给出如下结论：

①分析对象的主要技术经济特点及适用条件；

②现阶段实际达到的经济效果水平；

③找出提高经济效果的潜力和途径以及相应采取的主要技术措施；

④预期经济效果。

**【例 6-1】** 某公路建设方案，分南线（方案 I）、北线（方案 II）两大方案，将全线分 CF 至 FY、FY 至 PX 和 PX 至 JYS 三段进行分段讨论，其中 CF 至 FY 段（途径 XY 市）方案比较如表 6-1 所示。

**CF 至 FY 比较段路线方案比较表** 表 6-1

| 项　目 | 单　位 | 方　案 I<br>K366 +241.893 ~ K402 +150.913 | 方　案 II<br>K366 +241.893 ~ K402 +103.457 |
|---|---|---|---|
| 路线长度 | km | 35.90902 | 35.861564 |
| 路基土石方 | $km^3$ | 4740.922 | 4059.954 |
| 防护工程 | $m^3$ | 215860.8 | 185348.8 |
| 特大桥 | m/座 | | |
| 大、中桥 | m/座 | 6107 | 902/7 |
| 小桥 | m/座 | 544/19 | 469/16 |
| 涵洞 | 道 | 172 | 162 |

续上表

| 项　目 | 单　位 | 方　案Ⅰ<br>K366 +241.893 ~ K402 +150.913 | 方　案Ⅱ<br>K366 +241.893 ~ K402 +103.457 |
|---|---|---|---|
| 互通立交 | 处 | 2 | 2 |
| 分离立交 | 处 | 27 | 20 |
| 通道 | 道 | 60 | 53 |
| 连接线长 | km | 8.32 | 12.93 |
| 占用土地 | 亩 | 2757.6 | 2634.18 |
| 建筑安装工程费 | 万元 | 59059.3 | 59113.5 |
| 优缺点 | | 优点：<br>①与 XY 市城市规划吻合；<br>②互通接线短；<br>③占用耕地少；<br>④造价低。<br>缺点：<br>①路线长 48m；<br>②沿线村庄较密，对群众生产生活干扰较大 | 缺点：<br>①与 XY 市城市规划偏差较大；<br>②互通接线长；<br>③占用耕地多；<br>④造价高。<br>优点：<br>①路线短 48m；<br>②沿线村庄较少，对群众生产生活干扰较小 |

2）多指标综合评分法

多指标综合评分法是一种定量分析评价与定性分析评价相结合的方法。它是通过对需要进行分析评价的设计方案设定若干个评价指标，并按其重要程度分配权重，然后按评价标准给各指标打分，将各项指标所得分数与其权重相乘并汇总，得出各设计方案的评价总分，以总分最高的方案为最佳方案。

多指标综合评分法的计算公式为：

$$S = \sum_{i=1}^{n} S_i W_i \tag{6-1}$$

式中：$S$——某设计方案的总分；

$S_i$——某方案在某评价指标的评分；

$W_i$——某评价指标的权重；

$i$——评价指标系数 $i = 1.2.3\cdots\cdots$。

这种方法非常类似于价值工程中的加权评分法，区别就在于：加权评分法中不将成本作为一个评价指标，而将其单独拿出来计算价值系数；多指标综合评分法则不将成本单独剔除，如果需要，成本也是一个评价指标。

**【例 6-2】**　某桥梁工程有 4 个设计方案，选定评价指标为：施工难度、造价、实用性、美观性 4 项，各指标权重及各方案的得分（10 分制），见表 6-2，试选择最优设计方案。

多指标综合评分法计算表　　表 6-2

| 评价指标 | 权重 | 方案A | | 方案B | | 方案C | | 方案D | |
|---|---|---|---|---|---|---|---|---|---|
| | | 得分 | 加权得分 | 得分 | 加权得分 | 得分 | 加权得分 | 得分 | 加权得分 |
| 施工难度 | 0.4 | 9 | 3.6 | 8 | 3.2 | 7 | 2.8 | 6 | 2.4 |
| 造价 | 0.2 | 8 | 1.6 | 7 | 1.4 | 8 | 1.6 | 9 | 1.8 |
| 实用性 | 0.3 | 9 | 2.7 | 7 | 2.1 | 9 | 2.7 | 8 | 2.4 |
| 美观性 | 0.1 | 7 | 0.7 | 9 | 0.9 | 8 | 0.8 | 9 | 0.9 |
| 合　计 | | — | 8.6 | — | 7.6 | — | 7.9 | — | 7.5 |

由表 6-2 可知方案 A 的加权得分最高,因此方案 A 最优。

这种方法的优点在于避免了多指标对比法指标间可能发生矛盾的现象,评价结果是唯一的。但是在确定权重及评分过程中存在主观臆断成分。同时,由于分值是相对的,因而不能直接判断各方案的各项功能实际水平。

**2. 静态经济评价指标**

1)投资回收期法

设计方案的比选往往是比选各方案的功能水平及成本。功能水平先进的设计方案一般所需的投资较多,方案实施过程中的效益一般也比较好。用方案实施过程中的效益回收投资,即投资回收期反映初始投资补偿速度,衡量设计方案优劣也是非常必要的。投资回收期越短的设计方案越好(第二章第一节)。

不同设计方案的比选实际上是互斥方案的比选,首先要考虑到方案的可比性问题。当相互比较的各设计方案能满足相同的需要时,就只需比较他们的投资和经营成本的大小,用差额投资回收期比较。差额投资回收期是指在不考虑时间价值的情况下,用投资大的方案比投资小的方案所节约的经营成本,回收差额投资所需要的时间,其计算公式为:

$$\Delta T_{\mathrm{p}} = \frac{K_2 - K_1}{C_1 - C_2} \tag{6-2}$$

式中:$K_2$——方案 2 的投资额;

$K_1$——方案 1 的投资额,且 $K_2 > K_1$;

$C_2$——方案 2 的年经营成本;

$C_1$——方案 1 的年经营成本,且 $C_1 > C_2$;

$\Delta T_{\mathrm{p}}$——差额投资回收期。

当 $\Delta T_{\mathrm{p}} > \Delta T_{\mathrm{c}}$(基准投资回收期)时,投资小的方案优;反之,投资大的方案优。

如果两个比较方案的年业务量不同,则需将投资和经营成本转化为单位业务量的投资和成本,然后再计算差额投资回收期,进行方案比选。此时差额投资回收期的计算公式为:

$$\Delta T_{\mathrm{p}} = \frac{\dfrac{K_2}{Q_2} - \dfrac{K_1}{Q_1}}{\dfrac{C_1}{Q_1} - \dfrac{C_2}{Q_2}} \tag{6-3}$$

式中:$Q_1$、$Q_2$ 分别为各设计方案的年业务量;

其他符号意义同前。

**【例 6-3】** 某项目有两个设计方案，方案甲总投资 1500 万元，年经营成本 400 万元，年产量 1000 件，方案乙总投资 1000 万元，年经营成本 360 万元，年产量为 800 件，基准投资回收期 $P_o = 6$ 年，试选出最优设计方案。

**解**：试计算各方案单位产量的分配费用：

$$K_{甲}/Q_{甲} = 1500\text{ 万元}/1000\text{ 件} = 1.5\text{ 万元/件}$$

$$K_{乙}/Q_{乙} = 1000\text{ 万元}/800\text{ 件} = 1.25\text{ 万元/件}$$

$$C_{甲}/Q_{甲} = 400\text{ 万}/1000\text{ 件} = 0.4\text{ 万元/件}$$

$$C_{乙}/Q_{乙} = 360\text{ 万}/800\text{ 件} = 0.45\text{ 万元/件}$$

$$\Delta T_p = \frac{1.5 - 1.25}{0.45 - 0.4} = 5(\text{年})$$

$\Delta T_p < 6$ 年，所以方案甲较优。

2）计算费用法

这是指用货币表示的计算费用来反映设计方案对物化劳动和活化劳动量消耗的多少，并以此评价设计方案优劣的方法，其中计算费用最小的设计方案为最佳方案。所以计算费用法又叫最小费用法。

计算费用法是技术经济中应用非常广泛的一种方法，对多方案进行分析时，采用的计算费用法较简便，计算方式有两种，即年费用计算法和总费用计算法。

其数学表达式为：

$$C_{年} = K \times E + V \tag{6-4}$$

$$C_{总} = K + V \times t \tag{6-5}$$

式中：$C_{年}$——年计算费用；

$C_{总}$——项目总计算费用；

$K$——总投资额；

$E$——投资效果系数（它是投资回收期的倒数）；

$V$——年生产成本；

$T$——投资回收期（年）。

**【例 6-4】** 某建设项目有两个设计方案，其已知条件是：

**方案 1**：投资总额 $K_1 = 2050$ 万元，年生产成本 $V_1 = 2400$ 万元；

**方案 2**：投资总额 $K_2 = 2800$ 万元，年生产成本 $V_2 = 2150$ 万元。

标准回收期 $t = 5$ 年，投资效果系数 $E = 0.2$，试选出最佳设计方案。

**【解】方案 1**：$C_{年} = K_1 \times E + V_1 = 2050 \times 0.2 + 2400 = 2810$（万元）

$C_{总} = K_1 + V_1 \times t = 2050 + 2400 \times 5 = 14050$（万元）

**方案 2**：$C_{年} = K_2 \times E + V_2 = 2800 \times 0.2 + 2150 = 2710$（万元）

$C_{总} = K_2 + V_2 \times t = 2800 + 2150 \times 5 = 13550$（万元）

由以上计算结果可见，方案 2 的计算费用最低，所以方案 2 是最佳方案，从该方案可说明，它的投资为最大，但投产后生产成本最低，即投资效益最佳。

静态经济评价指标简单直观，易于接受。但是它没有考虑时间价值以及各方案寿命差异。

**3. 动态经济评价指标**

动态经济评价指标是考虑时间价值的指标，这一部分在前面第三章已作了详细论述。对于寿命期相同的方案，可以采用净现值法、净年值法、差额内部收益率法等。寿命期不同的设计方案比选，可以采用净年值法、最小公倍数法、研究期法。

## ●第三节　公路工程项目施工中的技术经济分析●

### 一、施工组织设计的技术经济分析

**1. 施工组织设计技术经济分析概述**

1）施工组织设计技术经济分析的目的

施工组织设计是对工程施工活动实行科学管理的重要手段，它编制的成功与否直接影响工程经济组织管理。对施工组织设计进行技术经济分析的目的就是论证所编制的施工组织设计在技术上是否可行、在经济上是否合理，从而选择满意的方案，并寻求节约的途径。

2）施工组织设计技术经济分析方法

（1）定性分析方法。定性分析法是根据经验对施工组织设计的优劣进行分析。例如，工期是否适当，可按一般规律或工期定额进行分析；选择的施工机械是否适当，主要看它能否满足使用要求、机械提供的可能性等；流水段的划分是否适当，主要看它是否给流水施工带来方便；施工平面图设计是否合理，主要看场地是否合理利用、临时设施费用是否适当。定性分析法比较方便，但不精确，不能优化，决策易受主观因素制约。

（2）定量分析方法：

①多指标比较法。该法简便实用，也用得较多，在应用时要注意应选用适当的指标，以保证指标的可比性。多指标比较法主要用于在待比较的方案中有一个方案的各项指标均优于其余的方案、优劣对比明显时的情况。如果各个方案的指标优劣不同，分析比较时要进行加工，形成单指标，然后采用下面的其他方法。

②评分法，即组织专家对施工组织设计进行评分，采用加权计算法计算总分，高者为优。例如，某工程的流水段划分、安全性及施工顺序安排的评分结果如表6-3所示。

**评分法评分结果**　　　　表6-3

| 指　标 | 权　数 | 第一方案 | 第二方案 | 第三方案 |
|---|---|---|---|---|
| 流水段 | 0.35 | 95 | 90 | 85 |
| 安全性 | 0.30 | 90 | 93 | 95 |
| 施工顺序 | 0.35 | 85 | 95 | 90 |

第一方案的总分：

$$m_1 = 95 \times 0.35 + 90 \times 0.30 + 85 \times 0.35 = 90$$

第二方案的总分：

$$m_2 = 90 \times 0.35 + 93 \times 0.30 + 95 \times 0.35 = 92.65$$

第三方案的总分：

$$m_3 = 85 \times 0.35 + 95 \times 0.30 + 90 \times 0.35 = 89.75$$

由于第二方案分数最高，故应选择第二方案。

③价值法。即对各方案均计算出最终价值，用价值大小评定方案优劣，表6-4是某工程焊

接方法用价值法进行优选的实例。

某工程焊接方法用“价值法”选择表　　表 6-4

| 项　目 | 电渣压力焊 | | 帮　条　焊 | | 绑　扎 | |
|---|---|---|---|---|---|---|
| | 用量 | 金额(元) | 用量 | 金额(元) | 用量 | 金额(元) |
| 钢材 | 0.189kg | 0.095 | 4.04kg | 3.02 | 7.1kg | 3.55 |
| 材料(焊药、焊条、铅丝) | 0.5kg | 0.40 | 1.09kg | 1.64 | 0.022kg | 0.023 |
| 人工 | 0.14 工日 | 0.28 | 0.20 工日 | 0.40 | 0.025 工日 | 0.05 |
| 电量消耗 | 2.1 度 | 0.168 | 25.2 度 | 2.02 | — | — |
| 合计 | — | 0.934 | — | 6.08 | — | 3.623 |

从每个接头所消耗的价值看，电渣压力焊最省，共有 1200 个接头，可耗金额 1131.6 元，比帮条焊节省 6164.4 元，比绑扎节省 3216 元，故应采用电渣压力焊。

**2. 工期-造价、质量-造价的关系分析**

在施工组织设计中，应正确处理工期、质量和造价三者之间的关系，使施工组织设计做到：在保证质量达到合同要求的前提下，工期合理，造价节约，为工程实施提供积极可靠的控制目标。

1）工期与造价的关系

工期与造价的关系见图 6-2。

该图说明，工期与造价有着对立统一的关系。它们之间的合理关系是图中的阴影部分。当工期为 $t_0$ 时，造价最低（$C_0$），工期小于或大于 $t_0$，造价均比 $C_0$ 高。这是因为，加快工期需要增加投入，而延缓工期则会导致管理费用的提高。因此，要经过优化确定合理的工期。施工组织设计，要求进度计划的工期小于定额工期及合同工期；在该工期下的造价，应小于合同造价。

2）质量与造价的关系

工程质量与造价的关系见图 6-3。

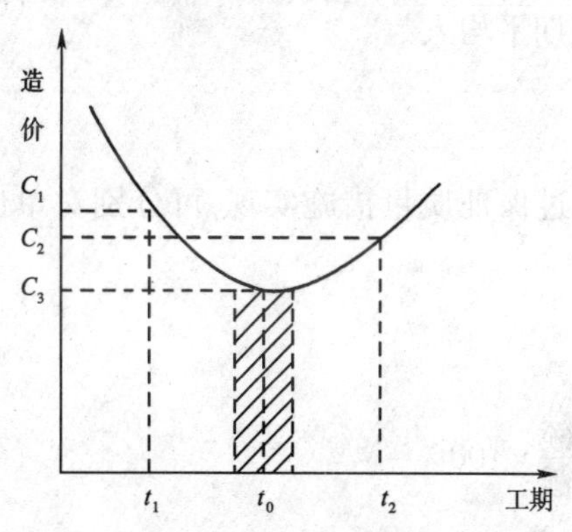


图 6-2　工期与造价的关系

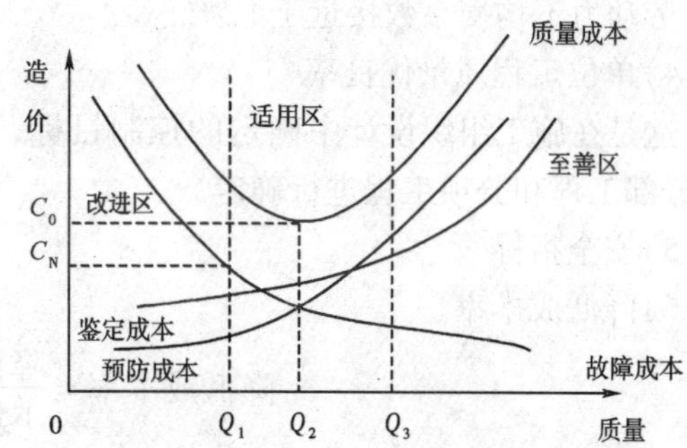


图 6-3　质量成本关系曲线

图 6-3 说明，工程质量和成本之间也有着对立统一的关系。它有一个最佳点，该点的质量水平 $Q_0$ 可使造价最低（$C_0$），围绕该点有一个区间 $Q_1$ 至 $Q_2$。两虚线之间的区间，称为最佳区。$Q_1$ 为质量合格水平，$Q_2$ 为质量优良水平。质量水平大于 $Q_2$，造成造价大幅上升，故该质量水平以右的区域称为至善区；质量水平低于 $Q_1$ 时，造价亦有所上升，该质量水平以左的区域称为

改进区。在施工组织设计时,处理质量和造价关系的关键是降低质量成本,尤其是改进区上下功夫。

施工组织的施工方案,应努力使质量水平处于适用区内,质量绝不能低于 $Q_1$;在一般情况下也没有必要高于 $Q_2$。如果从提高企业信誉出发或对工程质量有特别高的要求,质量水平需要高于 $Q_2$,处于至善区,则应作财务上的准备,较多地增加投入。鉴于目前许多企业质量保证能力不足的实际情况,特别应在改进区中下功夫,即大力降低故障成本,避免质量水平低于 $Q_1$。分析施工组织设计是否可行,必须分析其保证质量的措施是否是使故障成本(含内部故障成本和外部故障成本)降低到 $C_N$ 水平。

**3. 工程施工组织设计技术经济分析指标**

单位工程施工组织设计中技术经济指标应包括:工期指标、劳动生产率指标、质量指标、安全指标、降低成本率、主要工程工种机械化程度、三大材料节约指标。这些指标应在施工组织设计基本完成后进行计算,并反映在施工组织设计的文件中,作为考核的依据。

在公路工程施工组织设计,初步编好的施工组织设计文件,常用到的技术经济分析指标有:

1)施工周期

施工周期是指建设项目从正式工程开工到全部投产使用为止的持续时间。施工周期应小于定额工期或合同工期。

2)全员劳动生产率(元/人·年)

$$全员劳动生产率=\frac{完成的建安工作量(元)}{全体职工平均人数} \tag{6-6}$$

全员劳动生产率应力求均衡。

3)劳动力不均衡系数

$$劳动力不均衡系数=\frac{施工期高峰人数}{施工期平均人数} \tag{6-7}$$

劳动力不均衡系数接近于1为好。

4)单位工程质量优良率

这是在施工组织设计中确定的控制目标,主要通过保证质量措施实现,可分别对单位工程、分部工程和分项工程进行确定。

5)安全指标

6)降低成本率

$$降低成本率=\frac{降低成本额}{承包成本额}\times 100\% \tag{6-8}$$

7)综合机械化程度

$$工程机械化程度=\frac{某工种工程利用机械完成的实物量}{某工种工程完成的全部实物量}\times 100\% \tag{6-9}$$

$$综合机械化程度=\frac{\sum(各工种工程利用机械完成实物量\times各该工种工程人工定额工日)}{\sum(各工种工程完成的全部实物量\times各该工种工程人工定额工日)}\times 100\% \tag{6-10}$$

8）节约三大材料百分比（施于组织设计节约量与设计概算用量比较）

①节约钢材百分比；

②节约木材百分比；

③节约水泥百分比。

**4. 劳动力需要量图、资金消耗曲线图**

1）分析劳动力需要量图

劳动力需要量图可以表明劳动力需要量与施工期限之间的关系，它是衡量施工组织设计是否合理的重要标志。

图6-4是劳动力需要量的3种典型图式。合理的施工组织设计应力求劳动力需要量均衡，减少和避免频繁调动而形成的窝工。其中图a）是最理想的情况；而图b）在短期内出现高峰现象；图c）则波动较大；后两种情况在施工安排上应力求避免。

任何一项工程的施工组织设计，由于各施工队的人数、设备以及施工时间的不同，均有可能出现上述情况中的一种，故在编制施工进度时，应以劳动力需要量均衡为原则，对施工进度作恰当安排和必要的调整。

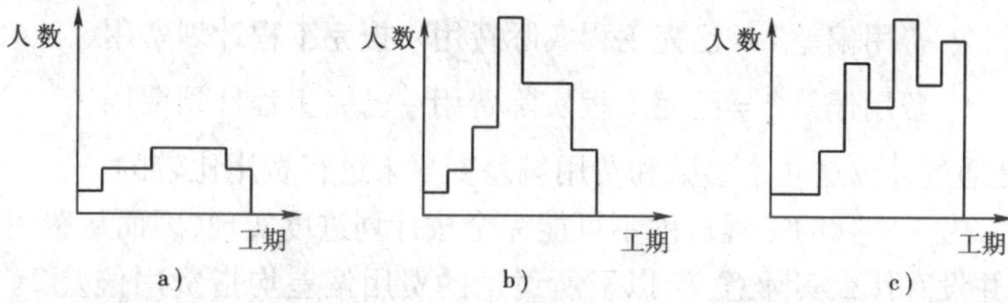


图6-4　劳动力需要量图

2）分析资金消耗曲线图

由施工准备工作开始，直到工程竣工为止，都必须消耗资金，即工程的投资。

合理的施工组织设计，可以降低工程造价，同时，在施工期限内资金消耗量的增长，对加速资金周转有一定作用，尤其当工程投资额很大，施工期限很长时，加速资金周转比提高投资经济效益更为重要。

同样的工程投资金额，在施工期内的消耗有3种典型情况，如图6-5所示。

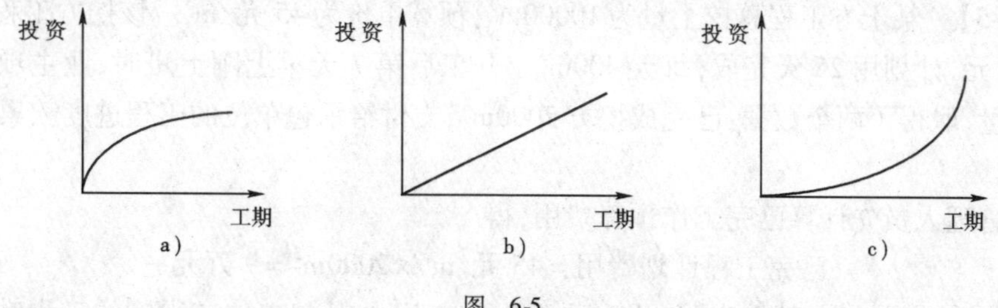


图　6-5

曲线a）表明施工前期的投资多而后期少；曲线b）表明在全部施工期内，资金消耗保持平衡增长；曲线c）表明资金消耗前期少而后期多。显然，由投资后收益的快慢来判断，曲线c）是最合理的结果。

投资消耗情况与施工组织设计有关，如果将工程量大而工程价值小的项目（如土方工程）

排在前期，某些价值高的工程项目排在稍后一些，其结果可以达到上述目的。但必须指出，任何情况下必须保证不打乱施工顺序与施工的均衡。投资额的先松后紧，也不允许采用施工操作先松后紧的方法来实现。

## 二、施工费用分析

**1. 赢值法**

赢值法也称挣值法，是一种费用偏差分析方法。它是通过实际完成工程与原计划相比较，确定工程进度是否符合计划要求，从而确定工程费用是否与原计划存在偏差的方法。

赢值法涉及以下几个参数：

(1)拟完工程计划费用：指根据进度计划安排在某一给定时间内所完成的工程内容的计划费用。

(2)已完工程计划费用：指在某一给定时间内实际完成的工程内容的计划费用。

(3)已完工程实际费用：指在某一给定时间内完成的工程内容所实际发生的费用。

相应地，就有两种费用偏差变量：

$$\text{费用偏差1} = \text{已完工程实际费用} - \text{拟完工程计划费用} \tag{6-11}$$

$$\text{费用偏差2} = \text{已完工程实际费用} - \text{已完工程计划费用} \tag{6-12}$$

赢值法便是通过计算这几个参数和费用偏差变量来进行费用比较的。

但在实际中，由于实际的工程进度不可能完全按计划进度实现，因而从费用比较的要求来看，费用偏差1并没有什么实际意义，以下所讨论的费用偏差均指费用偏差2。同时，由于工程费用的发生与工程进度有着密切的关系，因此为了能准确反映费用偏差的情况，引入了进度偏差这一参数。

$$\text{进度偏差} = \text{已完工程实际时间} - \text{已完工程计划时间} \tag{6-13}$$

为了使进度偏差与费用偏差联系起来，也可用上述费用参数表示为：

$$\text{进度偏差} = \text{拟完工程计划费用} - \text{已完工程计划费用} \tag{6-14}$$

在以上两式中，结果为正值表示工期拖延，结果为负值表示工期提前。

**2. 费用分析方法的应用**

**【例6-5】** 某土方工程总挖土量为10000$m^3$，预算单价为45元/$m^3$。该挖方工程预算总费用为45万元，计划用25天完成，每天400$m^3$。开工后第7天早上刚上班时，业主项目管理人员前去测量，取得了两个数据：已完成挖方2000$m^3$，支付给承包单位的工程进度款累计已达12万元。

项目管理人员先计算已完工作预算费用，得

$$\text{已完工程计划费用} = 45\ \text{元}/m^3 \times 2000m^3 = 9\ \text{万元}$$

接着查看项目计划，计划表明，开工后第6天结束时，承包单位应得到的工程款累计额为10.8万元

进一步计算得：

费用偏差 = 120000 − 90000 = 30000元表明承包单位已超支。

进度偏差 = 108000 − 90000 = 18000元表明工期已拖延。18000元的费用相当于18000元

÷45 元/$m^3$ =400$m^3$,正好是预算中 1 天的工作量,所以承包单位的进度已经落后 1 天。

**【例 6-6】** 某工程项目施工合同于 2000 年 12 月签订,约定的合同工期为 20 个月,2001 年 1 月开始正式施工,施工单位按合同工期要求编制了混凝土结构工程施工进度时标网络计划如图 6-6 所示,并经监理工程师审核批准。

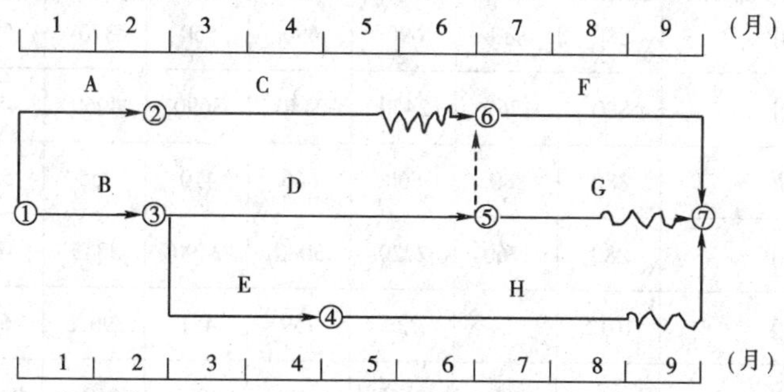


图 6-6 施工进度时标网络计划图

该项目的各项工作均按最早开始时间安排,且各工作每月所完成的工程量相等。各工作的计划工程量和实际工程量如表 6-5 所示。工作 D、E、F 的实际工作持续时间与计划工作持续时间相同。

**各工作的计划工作量和实际工作量** 表 6-5

| 工　作 | A | B | C | D | E | F | G | H |
|---|---|---|---|---|---|---|---|---|
| 计划工程量($m^3$) | 8600 | 9000 | 5400 | 10000 | 5200 | 6200 | 1000 | 3600 |
| 实际工程量($m^3$) | 8600 | 9000 | 5400 | 9200 | 5000 | 5800 | 1000 | 5000 |

合同约定,混凝土结构工程综合单价为 1000 元/$m^3$,按月结算。结算价按项目所在地混凝土结构工程价格指数进行调整,项目实施期间各月的混凝土结构工程价格指数如表 6-6 所示。

**项目实施期间各月的混凝土结构工程价格指数** 表 6-6

| 时　间 | 2000 年 12 月 | 2001 年 1 月 | 2001 年 2 月 | 2001 年 3 月 | 2001 年 4 月 | 2001 年 5 月 | 2001 年 6 月 | 2001 年 7 月 | 2001 年 8 月 | 2001 年 9 月 |
|---|---|---|---|---|---|---|---|---|---|---|
| 混凝土结构工程价格指数(%) | 100 | 115 | 105 | 110 | 115 | 110 | 110 | 120 | 110 | 110 |

施工期间,由于建设单位原因使工作 H 的开始时间比计划的开始时间推迟 1 个月,并由于工作 H 工程量的增加使该工作的工作持续时间延长了 1 个月。

问题:

(1)按施工进度计划编制资金使用计划(即计算每月和累计拟完工程计划费用),简要写出其步骤,并绘制该工程的时间费用累计曲线。

(2)计算工作 H 各月的已完工程计划费用和已完工程实际费用。

(3)计算混凝土结构工程已完工程计划费用和已完工程实际费用,计算结果填入表 6-7 中。

某混凝土结构施工计划与结果　　表 6-7

| 项　目 | 费用数据 | | | | | | | | |
|---|---|---|---|---|---|---|---|---|---|
| | 1 | 2 | 3 | 4 | 5 | 6 | 7 | 8 | 9 |
| 每月拟完工程计划费用 | 880 | 880 | 690 | 690 | 550 | 370 | 530 | 310 | - |
| 累计拟完工程计划费用 | 880 | 1760 | 2450 | 3140 | 3690 | 4060 | 4590 | 4900 | - |
| 每月已完工程计划费用 | 880 | 880 | 660 | 660 | 410 | 355 | 515 | 415 | 125 |
| 累计已完工程计划费用 | 880 | 1760 | 2420 | 3080 | 3490 | 3845 | 4360 | 4775 | 4900 |
| 每月已完工程实际费用 | 1012 | 924 | 726 | 759 | 451 | 390.5 | 618 | 456.5 | 137.5 |
| 累计已完工程实际费用 | 1012 | 1936 | 2662 | 3421 | 3872 | 4262.5 | 4880.5 | 5337 | 5474.5 |

(4)列式计算 8 月末的费用偏差和进度偏差(用费用额表示)。

解答:(1)将各工作计划工程量与单价相乘后,除以该工作持续时间,得到各工作每月拟完工程计划费用额,再将时标网络计划中各工作分别按月纵向汇总得到每月拟完工程计划费用额,然后逐月累加得到各月累计拟完工程计划费用额。

根据上述步骤,在时标网络图上按时间编制费用计划如图 6-7,据此绘制的 S 形曲线如图 6-8。计算结果见表 6-7。

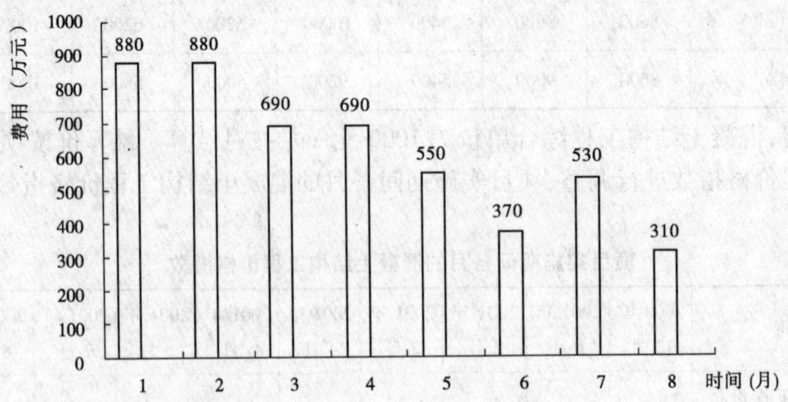


图 6-7　时标网络图上按月编制的费用计划

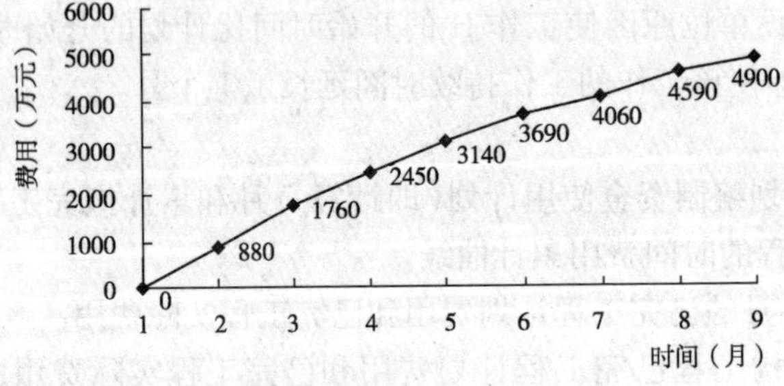


图 6-8　时间费用累计曲线

(2)H工作6月~9月份每月完成工程量为:$5000 \div 4 = 1250(m^3/月)$

① H工作6月~9月已完成工程计划费用均为:1250×1000=125(万元)

② H工作已完工程实际费用:

6月份:125×110%=137.5(万元)

7月份:125×120%=10.5(万元)

8月份:125×110%=137.5(万元)

9月份:125×110%=137.5(万元)

(3)计算结果填表如表6-7。

(4)费用偏差=已完工程实际费用-已完工程计划费用=5337-4775=562(万元),超支562万元。

进度偏差=拟完工程计划费用-已完工程计划费用=4900-4775=125(万元),拖后125万元。

## ●第四节 公路工程项目经济评价示例●

为了更好地理解和熟悉公路建设项目的经济评价方法,本节选编一综合示例。

### 一、基本概况

**1. 建设规模与工期安排**

拟建国道主干线某路段全长109.312km,采用全封闭、全立交一级汽车专用公路,分为4段,共设互通式立交4处,公铁立交2处,服务区1处,大桥3座约687m,中桥4座约323m。总投资约17.48亿元。

计划1995年上半年完成施工图设计,1995年下半年动工兴建,至1997年年底完成一期工程(路基、防护工程、构造物);1998年8月完成二期工程(路面工程);1998年12月完成三期工程(安全及服务设施)以及竣工测量。

**2. 投资计划**

计划1995年下半年、1996年、1997年、1998年分别安排投资额为建设总投资的10%、30%、30%、30%,预计17.474亿元、5.244亿元、5.244亿元、5.244亿元。

基年(1995年)养护管理费用为4.05万元/km,建成通车年(1999年)养护管理费用为4.394万元/km,以后每年等额增加0.0651万元/km;公路在通车第15年大修,大修费为同年养护费的13倍。

**3. 计算期和评价参数**

计算期包括建设期和运营期,建设期为4年,运营期为20年。取1995年为基年(第0年),则计算期为24年(第0年到第23年)。

**4. 有关评价参数**

社会折现率12%,贸易费用率6%,外汇牌价8.7元/美元,主要材料影子价格以口岸价为基础确定,影子工资换算系数0.75,公路货物平均运输单价0.546元/吨公里,公路货物运输影子价格换算系数为1.26,项目残值取工程费用的50%,以负值计入费用。

## 二、国民经济评价

### 1. 经济费用测算

首先根据影子价格的调整方法，确定项目主要投入物的影子价格，主要材料调整结果见表6-8。

主要材料影子价格调整表

表6-8

| 材　　料 | 单　　位 | 口岸价/比价 | 影子价格 | 材　　料 | 单　　位 | 口岸价/比价 | 影子价格 |
|---|---|---|---|---|---|---|---|
| 钢材 | 元/t | 4426 | 4474.184 | 锯木 | 元/$m^3$ | 850 | 1068.184 |
| 高强钢丝 | 元/t | 6915 | 6963.184 | 水泥 | 元/t | 184 | 228.184 |
| 原木 | 元/$m^3$ | 644 | 692.184 | 沥青 | 元/t | 845 | 897.444 |

影子工资为9.14×0.75=6.86元/工日；土地影子价格等于土地机会成本加上新增资源消耗费用（房屋拆迁费另计），见表6-9；剔除有关费用中的税金及物价上涨因素；项目建设费用调整汇总见表6-10总的经济费用为14.196亿元。

### 2. 经济效益测算

该公路项目的经济效益包括：新建一级汽车专用公路提高公路等级，使公路运输成本降低而产生的晋级效益；由于新路的分流，使原有相关公路（老路）减少拥挤所产生的效益；由于行车速度提高而节约旅客旅行时间所产生的效益；由于行车速度提高而节约货物运输时间所产生的效益；由于里程缩短而节约的运输费用；由于减少交通事故所产生的效益。

减少运输成本的晋级效益按有此项目与无此项目时新老路运输成本之差计算；老路减少拥挤的效益按有此项目与无此项目老路运输成本之差计算；缩短里程按节约的公路运输费用计算；旅客节时效益按旅客缩短旅行时间可以多创造的国民收入计算；货物节时效益按节约货物在途流动资金的价值计算；减少交通事故的效益按减少行车事故所少支付的损失费用计算。

效益计算结果见表6-11所列。

### 3. 国民经济评价指标计算

国民经济评价计算结果见表6-12。经济评价指标如下 $EIRR$ = 23.70%；$ENPV$ = 182811.37；$EBCR$ = 2.59；$EN$ = 10.76年，表明本项目具有较好的经济效益。

### 4. 敏感性分析

考虑建设投资费用从增加10%到减少10%，交通量从增加10%到减少10%时，项目经济内部收益率的变化情况，见表6-13。

从表6-13看出，交通量、建设投资均为敏感因素，在最不利情况下（投资增加10%，交通量减少10%），经济内部收益率仍为20.8%，大于社会折现率12%。因此，本项目具有较强的抗经济风险能力，项目在经济上是可行的。

土地影子价格调整表

表6-9

| 土地类型 | 土地机会成本 | 新增能源消耗 | 土地影子价格 | 土地类型 | 土地机会成本 | 新增能源消耗 | 土地影子价格 |
|---|---|---|---|---|---|---|---|
| 水田 | 11239.03 | 5000 | 16239.03 | 林地 | 3140.123 | 5000 | 8140.123 |
| 小麦 | 5769.375 | 5000 | 10769.375 | 鱼塘 | 22472.19 | 5000 | 27472.19 |

建设费用调整表(单位:万元) 表 6-10

| 费用名称 | 单 位 | 数 量 | 财务单价 | 财务费用 | 影子价格 | 经济费用 |
|---|---|---|---|---|---|---|
| 一、建筑安装工程费 | 公路公里 | 109.812 | | 82695.85 | | 49875.79 |
| 人工 | 工日 | 7707859 | 9.14 | 7044.98 | 6.855 | 5283.74 |
| 原木 | 元/$m^3$ | 3477 | 943.98 | 328.22 | 692.184 | 240.67 |
| 锯材 | 元/$m^3$ | 13779 | 1148.98 | 2583.18 | 1068.184 | 1471.85 |
| 钢材 | 元/t | 21869 | 5143.47 | 11248.25 | 4474.820 | 9785.98 |
| 高强钢丝 | 元/t | 1730 | 8810.90 | 1524.29 | 6963.184 | 1204.63 |
| 水泥 | 元/t | 170970 | 424.46 | 7257.00 | 228.184 | 3901.26 |
| 沥青 | 元/t | 63271 | 1437.46 | 9094.05 | 897.444 | 5678.22 |
| 其他材料费用 | 公路公里 | 109.812 | | 16898.33 | 1.0 | 16898.33 |
| 施工技术装备费 | 公路公里 | 109.812 | | 2363.53 | 1.0 | 2363.53 |
| 计划利润 | 公路公里 | 109.812 | | 3151.38 | 0 | 0 |
| 税金 | 公路公里 | 109.812 | | 2662.91 | 0 | 0 |
| 二、设备工具购置费 | 公路公里 | 109.812 | | 1180.48 | 1.0 | 1180.48 |
| 三、征地拆迁费 | 公路公里 | 109.812 | | 7496.57 | 1.0 | 13073.07 |
| 四、供电补贴 | 公路公里 | 109.812 | | 27.36 | 1.0 | 27.38 |
| 五、工程建设其他费 | 公路公里 | 109.812 | | 60649.17 | 1.0 | 60649.17 |
| 六、预留费 | 公路公里 | 109.812 | | 11794.45 | 1.0 | 11794.45 |
| 七、工程物价上涨费 | 公路公里 | 109.812 | | 24891.96 | 0 | 0 |
| 八、固定资产调节税 | 公路公里 | 109.812 | | 93.76 | 0 | 0 |
| 九、外资贷款利息 | 公路公里 | 109.812 | | 5364.56 | 1.0 | 5364.56 |
| 十、外资贷款手续费 | 公路公里 | 109.812 | | 591.60 | 1.0 | 591.60 |
| 合 计 | 公路公里 | 109.812 | | 174785.76 | | 141964.88 |

国民经济效益汇总表(单位:万元) 表 6-11

| 年 份 | 缩短里程效益 | 晋级效益 | 减少拥挤效益 | 减少事故效益 | 旅客节时效益 | 货物节时效益 | 合 计 |
|---|---|---|---|---|---|---|---|
| 1999 年 | 8089.02 | 14400.90 | 5479.19 | 114.00 | 34.50 | 30.48 | 28148.09 |
| 2000 年 | 9106.52 | 16244.21 | 6204.23 | 129.22 | 39.01 | 34.40 | 31757.59 |
| 2001 年 | 10157.96 | 18055.37 | 6915.09 | 143.45 | 43.51 | 38.38 | 35353.76 |
| 2002 年 | 11213.27 | 19863.91 | 7611.95 | 157.68 | 48.02 | 42.35 | 38937.17 |
| 2003 年 | 12271.84 | 21669.74 | 8295.88 | 171.91 | 52.52 | 46.33 | 42508.22 |
| 2004 年 | 13333.12 | 23472.79 | 8967.84 | 186.14 | 57.03 | 50.30 | 46067.22 |
| 2005 年 | 15092.48 | 26446.83 | 10070.00 | 209.48 | 64.57 | 56.95 | 51940.32 |
| 2006 年 | 16855.59 | 29412.71 | 11144.14 | 232.83 | 72.12 | 63.61 | 57781.00 |
| 2007 年 | 18619.82 | 32370.02 | 12193.03 | 256.18 | 79.66 | 70.26 | 63588.98 |
| 2008 年 | 20382.53 | 35318.36 | 13218.97 | 279.52 | 87.21 | 76.92 | 69363.51 |
| 2009 年 | 22141.08 | 38257.27 | 14223.90 | 302.87 | 94.75 | 83.57 | 75103.44 |
| 2010 年 | 23993.06 | 41358.30 | 15266.48 | 327.92 | 102.69 | 90.57 | 81139.22 |
| 2011 年 | 25883.07 | 44447.23 | 16289.26 | 352.97 | 110.62 | 97.57 | 87130.73 |
| 2012 年 | 27657.88 | 47523.33 | 17293.67 | 378.02 | 118.56 | 104.57 | 93076.02 |
| 2013 年 | 29464.22 | 50585.83 | 18280.95 | 403.07 | 126.50 | 111.57 | 98972.14 |
| 2014 年 | 31248.86 | 53633.90 | 19252.22 | 428.12 | 134.43 | 118.57 | 104816.11 |
| 2015 年 | 33729.26 | 57917.72 | 20608.99 | 463.55 | 145.70 | 128.51 | 112993.73 |
| 2016 年 | 36150.14 | 62167.77 | 21937.84 | 498.98 | 156.98 | 138.45 | 121050.16 |
| 2017 年 | 38502.23 | 66380.76 | 23240.89 | 534.41 | 168.25 | 148.39 | 128974.94 |
| 2018 年 | 40776.24 | 70552.97 | 24519.97 | 569.84 | 179.52 | 158.34 | 136756.87 |

国民经济评价计算表 表 6-12

| 序号 | 年份 | 投资费用 | 养护管理及大修费 | 财务收益 | 净现金流量 | 财务折现率 1.40% | | |
|---|---|---|---|---|---|---|---|---|
| | | | | | | 费用现值 | 收益现值 | 累计净现值 |
| 0 | 1995 年 | 14196.49 | | | -14196.49 | 14196.49 | | -14196.49 |
| 1 | 1996 年 | 42589.46 | | | -42689.46 | 38026.31 | | -52222.80 |
| 2 | 1997 年 | 42589.46 | | | -42589.46 | 33952.06 | | -86174.86 |
| 3 | 1998 年 | 42589.46 | | | -42589.46 | 30314.34 | | -116489.19 |
| 4 | 1999 年 | | 439.28 | 28148.09 | 27708.81 | 279.17 | 17888.62 | -98879.74 |
| 5 | 2000 年 | | 445.79 | 31757.59 | 31311.80 | 252.95 | 18020.11 | -81112.59 |
| 6 | 2001 年 | | 452.30 | 35353.76 | 34901.46 | 229.15 | 17911.32 | -63430.42 |
| 7 | 2002 年 | | 458.81 | 38937.17 | 38478.36 | 207.54 | 17613.20 | -46024.76 |
| 8 | 2003 年 | | 465.31 | 42508.22 | 42042.91 | 187.93 | 17168.36 | -29044.34 |
| 9 | 2004 年 | | 471.82 | 46067.22 | 45595.40 | 170.14 | 16612.30 | -12602.18 |
| 10 | 2005 年 | | 478.33 | 51940.32 | 51461.99 | 154.01 | 16723.39 | 3967.20 |
| 11 | 2006 年 | | 484.84 | 57781.00 | 57296.16 | 139.38 | 16610.66 | 20438.48 |
| 12 | 2007 年 | | 491.35 | 63588.98 | 63097.63 | 126.12 | 16321.71 | 36634.07 |
| 13 | 2008 年 | | 497.85 | 69363.51 | 68865.65 | 114.10 | 15896.33 | 52416.30 |
| 14 | 2009 年 | | 504.36 | 75103.44 | 74599.08 | 103.20 | 15367.65 | 67680.75 |
| 15 | 2010 年 | | 510.87 | 81139.02 | 80628.15 | 93.33 | 14823.80 | 82411.21 |
| 16 | 2011 年 | | 517.38 | 87130.73 | 86613.35 | 84.40 | 14212.91 | 96539.73 |
| 17 | 2012 年 | | 523.89 | 93076.02 | 92552.14 | 76.30 | 13556.00 | 110019.42 |
| 18 | 2013 年 | | 6895.12 | 98972.14 | 92077.02 | 896.64 | 12870.30 | 121993.08 |
| 19 | 2014 年 | | 538.90 | 104816.11 | 104279.20 | 62.34 | 12169.86 | 134100.60 |
| 20 | 2015 年 | | 543.41 | 112993.73 | 112450.32 | 56.33 | 11713.69 | 145757.96 |
| 21 | 2016 年 | | 549.92 | 121050.16 | 120500.24 | 50.90 | 11204.36 | 156911.42 |
| 22 | 2017 年 | | 556.43 | 128974.94 | 128418.51 | 45.98 | 10658.81 | 167524.25 |
| 23 | 2018 年 | -70982.44 | 562.93 | 136756.87 | 207176.38 | -5196.11 | 10091.01 | 182811.37 |
| $EIRR=23.70\%$，$ENPV=182811.37$，$EBCR=2.59$，$EN=10.76$（年） | | | | | | | | |

敏感性分析表 表 6-13

| EIRR(%) | | 交通量变化 | | | | |
|---|---|---|---|---|---|---|
| | | +10% | +5% | 0 | -5% | -10% |
| 投资变化 | +10% | 23.7 | 23.0 | 22.3 | 21.6 | 20.8 |
| | +5% | 24.4 | 23.7 | 23.0 | 22.2 | 21.5 |
| | 0 | 25.2 | 24.5 | 23.7 | 23.0 | 22.2 |
| | -5% | 26.0 | 25.3 | 24.5 | 23.7 | 22.9 |
| | -10% | 28.9 | 26.1 | 25.4 | 24.5 | 23.7 |

## 三、财务评价

### 1. 财务收益估算

首先考虑道路收费标准，按照既能还本付息，又能让用路者收益的原则，确定的收费标准见表 6-14。在此同时，还应考虑项目营运期间 3.21% 的营运税及附加税，那么，道路收费收入就为：

年过路费收入 = 当年各车型应缴费的交通量 × 建设里程 × 各车型收费标准 ×（1 − 税率）

各分段过路费收入之和就是道路的总收入。

**车辆收费标准**(单位:元/车公里)　　表 6-14

| 车型<br>年份 | 小客车<br>小型货车 | 中型客车<br>中型货车 | 大型客车<br>大型货车 | 特大货车<br>拖挂车 |
|---|---|---|---|---|
| 2000 ~ 2009 | 0.11 | 0.30 | 0.45 | 0.83 |
| 2010 ~ 2019 | 0.14 | 0.38 | 0.57 | 1.05 |

**2. 财务评价指标计算**

本项目国外贷款 8000 万美元,加上 0.1% 的手续费,折合人民币 69669.6 万元,占总投资的 39.82%,外资贷款年利率为 3.5%,其余部分的建设资金由交通部和项目所在地拨款解决。因此,本项目财务基准折现率采用综合折现率为 1.4%(注:考虑到投资风险性,财务基准折现率应比综合折现率大一些,如取财务基准折现率为 2%。本案例取自某项目经济评价,仅作为示例说明,不做任何变动)。

财务评价指标计算结果见表 6-15。财务评价指标如下:$FIRR$ = 3.10%,$FNPV$ = 4382.01 万元,$FBCR$ = 1.23,$FN$ = 21.68(年)。表明项目财务收益还是好的。

**财务评价计算表**(单位:万元)　　表 6-15

| 序号 | 年份 | 投资费用 | 养护管理及大修费 | 财务收益 | 净现金流量 | 财务折现率 1.40% | | |
|---|---|---|---|---|---|---|---|---|
| | | | | | | 费用现值 | 收益现值 | 累计净现值 |
| 0 | 1995 年 | 17478.58 | | | -17478.58 | 17478.58 | | -17478.58 |
| 1 | 1996 年 | 52435.73 | | | -52435.73 | 51711.76 | | -69190.34 |
| 2 | 1997 年 | 52435.73 | | | -52435.73 | 50997.79 | | -120188.13 |
| 3 | 1998 年 | 52435.73 | | | -52435.73 | 50293.68 | | -170481.82 |
| 4 | 1999 年 | | 480.32 | 4967.57 | 4487.25 | 454.34 | 4698.85 | -166237.30 |
| 5 | 2000 年 | | 487.43 | 5581.79 | 5094.35 | 454.70 | 5206.95 | -161485.05 |
| 6 | 2001 年 | | 494.55 | 6196.01 | 5701.46 | 454.97 | 5700.13 | -156239.89 |
| 7 | 2002 年 | | 501.87 | 6810.23 | 6308.57 | 455.14 | 6178.69 | -150516.35 |
| 8 | 2003 年 | | 508.78 | 7424.45 | 6915.67 | 455.23 | 6642.95 | -144328.63 |
| 9 | 2004 年 | | 515.90 | 8038.68 | 7522.78 | 455.22 | 7093.21 | -137690.63 |
| 10 | 2005 年 | | 523.01 | 9046.19 | 8523.17 | 455.13 | 7872.02 | -130273.74 |
| 11 | 2006 年 | | 530.13 | 10053.70 | 9523.57 | 454.95 | 8627.96 | -122100.73 |
| 12 | 2007 年 | | 537.24 | 11061.21 | 10523.96 | 454.69 | 9361.53 | -113193.89 |
| 13 | 2008 年 | | 544.36 | 12068.71 | 11524.35 | 454.35 | 10073.20 | -103575.04 |
| 14 | 2009 年 | | 551.48 | 14533.94 | 13982.46 | 453.94 | 11963.33 | -92065.65 |
| 15 | 2010 年 | | 558.59 | 15732.40 | 15173.80 | 453.45 | 12771.02 | -79748.08 |
| 16 | 2011 年 | | 565.71 | 16930.85 | 16365.14 | 452.88 | 13554.13 | -66646.83 |
| 17 | 2012 年 | | 572.82 | 18129.31 | 17556.48 | 452.25 | 14313.17 | -52785.90 |
| 18 | 2013 年 | | 7539.21 | 19327.76 | 11788.55 | 5870.06 | 15048.68 | -43607.28 |
| 19 | 2014 年 | | 587.05 | 20526.22 | 19939.16 | 450.77 | 15761.15 | -28296.91 |
| 20 | 2015 年 | | 594.17 | 22219.87 | 21625.70 | 449.94 | 16826.06 | -11920.79 |
| 21 | 2016 年 | | 601.29 | 23913.52 | 23312.23 | 449.04 | 17858.56 | 5488.73 |
| 22 | 2017 年 | | 608.40 | 25607.16 | 24998.76 | 448.08 | 18859.34 | 23899.99 |
| 23 | 2018 年 | | 615.52 | 27300.81 | 26685.30 | 447.08 | 19829.08 | 43282.01 |
| $FIRR$ = 3.10%,$FNPV$ = 43282.01,$FBCR$ = 1.23,$FN$ = 21.68(年) | | | | | | | | |

### 3. 敏感性分析

财务敏感性分析见表6-16。当交通量减少10%，而投资增加10%时，财务内部收益率为1.7%，大于财务基准折现率1.4%，项目在财务上是可行的。

财务敏感性分析　表6-16

| FIRR(%) | | 交通量变化 | | | | |
|---|---|---|---|---|---|---|
| | | +10% | +5% | 0 | -5% | -10% |
| 投资变化 | +10% | 3.1 | 2.8 | 2.4 | 2.0 | 1.7 |
| | +5% | 3.5 | 3.2 | 2.8 | 2.4 | 1.9 |
| | 0 | 3.9 | 3.6 | 3.1 | 2.7 | 2.3 |
| | -5% | 4.4 | 4.0 | 3.6 | 3.1 | 2.7 |
| | -10% | 4.8 | 4.4 | 4.0 | 3.6 | 3.1 |

### 4. 清偿能力分析

国外借款8000万美元，加上手续费0.1%，共折合人民币69669.6万元，贷款年利率为3.5%，投资分年度借款按总贷款的10%、30%、30%、30%比例分配。

贷款偿还原则：还款期20年，前4年不安排偿还，以后分阶段按等额还本金和利息。偿还能力分析计算见表6-17。结果表明本项目清偿能力较强，投资回收有保障。

贷款偿还能力分析表(单位：万元)　表6-17

| 年份 | 本年借款 | 本年应付 | | 本年借款累计 | 过路费收入 | | 养护管理大修费 | 本年余额 | 累计余额 |
|---|---|---|---|---|---|---|---|---|---|
| | | 本金 | 利息 | | 金额 | 还款 | | | |
| 1995年 | 6966.96 | 6966.96 | 121.92 | 7088.88 | | | | | |
| 1996年 | 20900.88 | 27989.76 | 613.38 | 28603.64 | | | | | |
| 1997年 | 20900.88 | 49504.52 | 1366.89 | 50871.41 | | | | | |
| 1998年 | 20900.88 | 71772.29 | 2146.26 | 73918.56 | | | | | |
| 1999年 | | 73918.56 | 2587.15 | 73505.71 | 4967.57 | 3000.00 | 480.32 | 1487.25 | 1487.25 |
| 2000年 | | 73505.71 | 2572.70 | 73078.40 | 5581.79 | 3000.00 | 487.43 | 2094.35 | 3581.60 |
| 2001年 | | 73078.40 | 2557.74 | 72636.15 | 6196.01 | 3000.00 | 494.55 | 2701.46 | 6283.06 |
| 2002年 | | 72636.15 | 2542.27 | 72178.41 | 6810.23 | 3000.00 | 501.67 | 3308.57 | 9591.63 |
| 2003年 | | 72178.41 | 2526.24 | 71704.66 | 7424.45 | 3000.00 | 508.78 | 3915.67 | 13507.30 |
| 2004年 | | 71704.66 | 2509.66 | 67214.32 | 7038.68 | 7000.00 | 515.90 | 522.78 | 14030.08 |
| 2005年 | | 67214.32 | 2352.50 | 62566.82 | 9046.19 | 7000.00 | 523.01 | 1523.17 | 15553.26 |
| 2006年 | | 62566.82 | 2189.84 | 57756.66 | 10053.70 | 7000.00 | 530.13 | 2523.57 | 18076.82 |
| 2007年 | | 57756.66 | 2021.48 | 52778.14 | 11061.21 | 7000.00 | 537.24 | 3523.96 | 21600.78 |
| 2008年 | | 52778.14 | 1847.24 | 47625.38 | 12068.71 | 7000.00 | 544.36 | 4524.34 | 26125.14 |
| 2009年 | | 47625.38 | 1666.89 | 40292.27 | 14533.94 | 9000.00 | 551.48 | 4982.46 | 31107.60 |
| 2010年 | | 40292.27 | 1410.23 | 32702.50 | 15732.40 | 9000.00 | 558.59 | 6173.80 | 37281.41 |
| 2011年 | | 32702.50 | 1144.59 | 24847.08 | 16930.35 | 9000.00 | 565.71 | 7365.14 | 44646.55 |
| 2012年 | | 24847.08 | 869.65 | 16716.73 | 18129.31 | 9000.00 | 572.82 | 8556.48 | 53203.03 |
| 2013年 | | 16716.73 | 585.09 | 8301.82 | 19327.82 | 9000.00 | 7539.21 | 2788.55 | 55991.59 |
| 2014年 | | 8301.82 | 290.56 | | 20526.22 | 8592.38 | 587.05 | 11346.78 | 67338.37 |
| 2015年 | | | | | 22219.87 | | 594.17 | 21625.70 | 88964.07 |
| 2016年 | | | | | 23913.52 | | 601.29 | 23312.23 | 112276.30 |
| 2017年 | | | | | 25607.16 | | 608.40 | 24998.76 | 137275.06 |
| 2018年 | | | | | 27300.81 | | 615.52 | 26685.30 | 163960.36 |

## 本章小结

通过本章的学习，学生应重点理解和掌握下列基本知识：

**1. 可行性研究阶段的项目评价**

(1)可行性研究的概念。

(2)可行性研究阶段的社会评价与环境影响评价。

公路工程项目社会评价研究的内容包括项目的社会影响分析、项目与所在地区的互适性分析和社会风险分析3个方面；环境影响评价一般分为社会环境影响评价、生态环境影响评价、环境空气影响评价、环境噪声影响评价。

**2. 设计方案技术经济评价的目的、原则**

设计方案技术经济评价的最终目的，是择优选定技术经济效果好的设计方案。设计方案必须要处理好经济合理性与技术先进性之间的关系，必须兼顾建设与使用、考虑项目全寿命费用，必须兼顾近期与远期的要求。

**3. 设计方案技术经济评价的方法**

设计阶段是技术控制与投资控制的关键阶段，设计方案技术经济评价方法有：

(1)多指标评价法。多指标评价法又可分为多指标对比法和多指标综合评分法。

(2)静态经济评价指标。静态经济评价指标包括投资回收期法和计算费用法。一般来说，投资回收期越短的设计方案越好；计算费用最小的设计方案为最佳方案。

(3)动态经济评价指标

其中多指标评分法中的多指标对比法和静态分析方法中的计算费用法在实际设计中比较常用，而动态分析方法多用于可行性研究阶段的经济分析中。

**4. 公路工程施工中的技术经济分析**

(1) 施工组织设计的技术经济分析。施工组织设计的技术经济分析可以判断施工组织设计的合理性，保证施工在进度、费用、质量上的最佳安排。

(2) 施工费用分析。在施工中进行费用分析，可以加强施工费用管理控制，及时纠正偏差，使施工朝着预定的目标进行。

### 复习思考题

1. 什么是公路工程项目的可行性研究？
2. 为什么要进行可行性研究？
3. 可行性研究的工作内容是什么？
4. 公路工程项目社会评价需要进行哪些方面评价？
5. 怎样进行公路工程项目社会评价？
6. 公路工程项目的实施会对环境产生哪些影响？环境影响评价一般从哪些方面进行？
7. 如何对公路环境影响进行综合治理？

8. 设计方案技术经济评价的原则是什么?

9. 设计方案技术经济评价方法有哪些? 各适用什么情况?

10. 为什么要进行施工组织设计的技术经济分析? 分析方法有哪些?

11. 公路工程施工组织设计常用的技术经济分析评价指标有哪些?

12. 如何绘制资源费用曲线? 从资源费用曲线上可以获得哪些信息?

# 参考文献


1 隽志才等.公路运输技术经济学.北京:人民交通出版社,1997

2 朱康全等.技术经济学.武汉:暨南大学出版社,2001

3 徐莉,陆菊春主编.技术经济学.武汉:暨南大学出版社,2003

4 关柯,王宝仁主编.建筑工程经济与企业管理.北京:中国建筑工业出版社,1986

5 袁剑波等.公路经济学教程.北京:人民交通出版社,2002

6 张建仁.工程费用监理.北京:人民交通出版社,1999

7 蔡成祥主编.公路工程经济分析.北京:人民交通出版社,1999

8 张树升,唐有君主编.道路经济与管理. 北京:人民交通出版社,1991

9 郗恩崇.公路经济学. 北京:人民交通出版社,1993 年

10 徐帮学主编.公路工程项目可行性研究与经济评价手册(下卷).吉林:吉林摄影出版社,2002

11 国家计划委员会建设部发布.建设项目经济评价方法与参数( 第二版).北京:中国计划出版社,1999

12 全国造价工程师执业资格考试培训教材编审委员会.工程造价计价与控制.北京:中国计划出版社,2003

13 注册咨询工程师(投资)考试教材编写委员会.项目决策分析与评价.北京:中国计划出版社,2003

14 注册咨询工程师(投资)考试教材编写委员会.现代咨询方法与实务.北京:中国计划出版社,2003

15 全国监理工程师培训考试教材编写委员会.建设工程投资控制.北京:知识产权出版社,2003

16 全国造价工程师执业资格考试培训教材编审委员会.建设工程技术与计量(土建工程部分).北京:中国计划出版社,2003

17 《投资项目可行性研究报告编写范例》编写组编.投资项目可行性研究报告编写范例.北京:中国电力出版社,2002

18 廖正环.公路施工与管理. 北京:人民交通出版社,1998

19 姚玲珍,华锦阳编著.工程经济学. 北京:中国建材工业出版社,2004

20 陈烈.公路工程项目管理. 北京:人民交通出版社,2002

21 陈传德,吴丽萍编著.公路项目施工管理. 北京:人民交通出版社,1995

22 周伟,王选仓主编.道路经济与管理. 北京:人民交通出版社,1998